불확실한
시대의
과학 읽기

불확실한
시대의
과학 읽기

과학과 사회를 관통하는 생각의 힘을 찾다!

김동광, 김명진, 김병수, 김병윤, 김환석, 박진희, 이영희, 한재각 지음

SCIENCE
SOCIETY

궁리
KungRee

불확실한 시대의 과학 읽기,
과학은 논쟁이다!

일시: 2017년 1월 7일

장소: 동국대 계산관 강의실

참석자: 김동광, 김명진, 김병수, 박진희, 궁리(사회자)

사회자 : 안녕하세요. 오늘 이 자리는 이 책『불확실한 시대의 과학 읽기』의 출간을 맞아 집필진의 문제의식을 공유하기 위해 마련되었습니다. 단행본 출간을 앞두고 좌담을 여는 것이 그리 흔한 일은 아니지만, 조금은 생소할 수도 있는 이 책 속의 다양한 논쟁 주제들에 관하여 독자들이 좀 더 편안하게 관심을 기울이고 생각을 열어갈 수 있는 자리가 되지 않을까 합니다. 바쁘신 와중에 참석해주신 집필진 여러분에게 감사드립니다. 먼저 이 책의 출간에 이르게 된 과

정과 전반적인 문제의식에 대해 이야기를 나눠보겠습니다.

김동광 : 이 책의 집필진은 모두 시민과학센터에 속해 있는 연구자들입니다. 시민과학센터는 1997년 말에 '참여연대 과학기술민주화를위한모임'(과민모)이라는 형태로 처음 시작했습니다. 초기에는 과학기술과 시민참여, 생명공학 관련 당면 현안들에 대해 성명서를 발표하고 직접 행동을 조직하는 식으로 상당히 운동적인 성격을 띠었고, 그런 맥락의 연장선상에서 2005년 '황우석 사태' 때도 회원들이 중요한 역할을 많이 했습니다. 그러다가 2005년에 단체가 참여연대로부터 분리 독립하면서 회원들이 지닌 과학기술학 연구자로서의 정체성을 살려서 연구소로서의 위상을 강화하게 되었습니다.

다른 한편으로 《시민과학》이라는 간행물 발간과 대외 사업이라고 할 수 있는 강연 개최 등을 통해 단체의 문제의식을 널리 전파하는 일도 계속하고 있습니다. 강연의 경우에는 예전에 일반인 대상 강연을 하다가 2013년부터는 '가치를꿈꾸는과학교사모임'(가꿈)과 함께하는 중고등학생 대상 강연으로 방향을 바꾸면서 일방적인 강의 형식보다는 토론 중심 방식으로 새로운 전형을 열어가고 있습니다. 이 책은 그러한 대중 강연의 성과물을 좀 더 널리 공유하기 위해 준비되었습니다.

이 책은 과학기술에 대한 민주적 거버넌스(governance)가 필요하

**"오늘날 과학을 생각함에 있어 중요한 것은,
바로, 민주적 논의와 토론,
건설적인 논쟁의 과정입니다."**

다는 이야기를 다양한 주제를 통해서 들려주고 있습니다. 구제역, 화학물질, GMO, 핵발전소 등의 책 속 주제들은 우리 사회에서 활발히 토론되어야 하는 여전히 끝나지 않은 논쟁의 주제들입니다. 제가 다룬 구제역이라는 주제만 해도 똑같이 되풀이되고 있는 사안입니다. 그런데 우리 사회에서는 항상 그런 일을 겪으면서도 거기에 대한 교훈을 얻지 못하고 있습니다. 아직도 탑다운식(Top-Down, 하향식) 규제에 매몰되어 있고, 대부분 외국 규정들을 그저 그대로 수입해 우리나라 맥락에 제대로 정착되지 못한 경우가 허다합니다. 다양한 규제나 많은 쟁점들에 대한 우리 나름의 거버넌스를 수립하지 못하는 실정이라 볼 수 있습니다.

최근 전반적인 흐름은 거번먼트에서 거버넌스로, 이른바 통치에서 협치로의 전환이라고 이야기할 수 있습니다. 옛날에는 정부나 정책 입안자, 또는 과학자들이 절대적인 권위를 가지고 자신들이 통치하면 된다고 해서 거번먼트의 개념에서 많이 얘기했지만, 오늘날 불확실성의 증대와 단순한 사안이 없는 복잡한 사회에서 어느 한 영역만으로는 문제 해결이 어려워지고 있습니다. 때문에 여러 부문의 많은 행위자들이 같이 노력해서 민주적 논의와 토론, 건설적인 논쟁 과정을 거쳐서 사안에 대한 해결방안을 찾아야 합니다. 해결방안이 저절로 주어지는 경우는 없기 때문입니다. 우리 사회가 그런 부분에서 겪는 과정을 당연시해야 하지만, 그런 비용을 지불하려고도 하지 않고 어떻게든 쉽고 간편하게만 넘기려 하고 있는 것이 안타까운 현실입니다.

오늘날 과학기술학에서 거의 공통적으로 전제되는 가정은 불확실성이 소거 불가능하다는 것입니다. 울리히 벡이 위험사회론에서 위험은 사라질 수 없으며, 근대사회가 가지는 근본요소이기 때문에 계속 재생산된다고 주장했듯이, 우리가 살고 있는 과학기술의 시대에서도 불확실성을 하나의 요소로 받아들여야 합니다. 과학기술이 고도화되면서 불확실성이 제거될 수 없고, 오히려 확대 재생산된다고 보는 것이 맞습니다.

여기에 대응하는 방안은 일부 전문가 그룹이나 외부에 의한 해결은 불가능한 것이라는 인식을 가지고, 아무리 힘들어도 우리 스스로가 거기에 대한 해결책을 마련하는 프로세스를 갖추는 것이고, 그것이 바로 민주적 거버넌스라는 개념입니다. 그래서 이 책에서 다루는 다양한 논쟁들은 우리가 그런 논의를 활성화시켜서 앞으로 벌어질 더 많은 문제들에 대해서 우리 스스로 어떻게 대응해나갈 것인가,

| 불확실한 시대의 과학 읽기 |

즉 민주적 거버넌스를 수립해야 하는 필요성을 제기하고 있다고 이 야기할 수 있겠습니다.

김명진 : 그래서, 오늘날 과학을 생각함에 있어 논쟁이 중요합니다. 많은 사람들이 보통 과학은 정답이 있는 분야라고 생각합니다. 처음 엔 누가 옳은지 그른지 모르는 상태에서 치고 박고 싸우더라도 조 만간에 누가 옳고 틀린지 답이 나올 것이고, 그러면 정답만 알면 되 지 과정을 지켜보는 게 무슨 의미가 있느냐고 많이들 생각하고는 합니다. A가 옳거나 B가 틀리거나 B가 옳거나 A가 틀리거나 둘 중 하나라서 중간은 없다고 생각하는 것이지요. 하지만 실제로 과학의 주제들은 그렇게 금방 정답을 구하기 어려운 것이 사실입니다.

GM 식품도 그렇고, 화학물질 규제도 그렇고, 구제역에 어떻게 대 처해야 하는 것도 그렇고, 누가 봐도 이게 답이다 할 만한 딱 부러진 정답이 없는 경우가 많고, 과학에 내재한 불확실성 때문에 사람들이 과학에 기대하는 확실성 같은 것들을 손쉽게 얻기도 어렵습니다. 그 런 점에서 논쟁의 과정이 필요한 것입니다. 구체적인 논쟁들을 따라 가면서 교훈이랄지 통찰이랄지 하는 것들을 얻는 과정이 중요한 것 입니다. 분명한 답이 있다고 생각하지 말고 논쟁 자체, 불확실성 자 체를 깊이 있게 들여다보는 독해 방식이 필요할 것 같습니다. 일반 과학 독자들도 논쟁이라는 측면을 그렇게 바라보면 좋지 않을까 생각합니다.

김병수 : 과학기술 쟁점에 대해서 어떤 태도를 갖든 간에 한 번 결정이 되면 사회에 막대한 영향을 미치게 됩니다. 그럼에도 평상시에는 이런저런 이유로 과학기술 쟁점에 관심을 갖기 어렵습니다. 주로 언론의 단편적 보도에 크게 의존하게 됩니다. 중요한 과학기술 쟁점에 대해서 관심을 갖게 하고 균형 잡힌 정보를 얻기 위해서는 논쟁이 벌어져야 합니다. 논쟁을 통해 다양한 쟁점들이 나오게 되고 또 어떤 쟁점이 향후 더 많은 논의가 필요한 가치 있는 쟁점인지 알게 됩니다. 이 과정은 일반시민, 과학자, 정책 결정자들이 특정한 쟁점의 다양한 의미를 학습할 수 있는 기회가 되기도 합니다.

과학기술을 전공하지 않은 일반 시민들이 논쟁을 통해 제대로 학습하고 더 나아가 판단할 수 있을지 의심하는 분들도 있습니다. 그러나 논쟁을 확산시키고 그 결과를 정책 결정에 반영하기 위한 과거의 시민참여 사례들을 보면 이러한 우려는 크게 걱정하지 않아도 될 것 같습니다. 국내에서도 일반 시민들도 기회가 주어지면 핵발전이나 배아복제와 같은 어려운 쟁점에 대해서도 충분히 판단할 수 있는 능력이 있다는 것을 보여주었습니다. 특히 불확실성이 높은 과학기술 쟁점의 경우 일부 전문가나 관료가 판단을 독점해서는 안 된다고 생각합니다.

박진희 ： 그렇지요. 기존에 과학을 다룬 책들은 과학은 확실한 것이고 과학이 무엇을 가져다줄 수 있는가 하는 것에 대해서 이야기하는 경우가 많았습니다. 하지만 이 책의 원고들은 과학기술의 불확실성 문제라든가, 과학기술이 사회에서 어떤 식으로 규제되어야 할 것인가 하는 측면의 여러 가지 문제를 생각해볼 수 있는 거리를 제공하고 있습니다. 과학기술의 경제적 측면이나 기여도라든가 이런 것에만 치중해왔던 우리 사회의 과학기술에 대한 시각을 다시 성찰해볼 수 있게 해줍니다. 과학의 경제적 기여라는 측면보다는 현대의 불확실한 사회에서 과학기술이 어떤 위험을 양산할 수 있고 그 위험이라고 하는 부분을 균형 잡힌 시각으로 봐야 할 필요성이 있음을 다시금 생각해볼 수 있을 것입니다.

사회자 ： 이 책을 서점에서 접하게 될 일반 독자들에게 해주고 싶은 이야기가 있다면요?

김동광 ： 우리 사회에서 교양이라고 하면 상당히 편향되어 있는 것 같습니다. 인문이나 예술 쪽으로만 교양이 필요하다고 얘기하는데 실제로 "우리 시대의 교양은 과학이다"는 얘기를 하고 싶습니다. 과학기술에 의해서 영향을 받지 않는 사람이 거의 없고 사실 '인간이란 무엇인가'처럼 우리가 제기하는 가장 인문적 또는 철학적인 논제

들도 과학과 맞닿아 있기 때문입니다.

　그런데 사람들은 과학에 대해서 많이 알고 있고 관심이 많은데도 불구하고 여전히 과학에 관심이 없다고 얘기하고는 합니다. 이러한 양면성은 어떤 의미에서 우리 시대에 과학이 가지는 권위 때문에 나타난다고 생각합니다. 과학이 워낙 어렵고 전문가들만 하는 것이라는 식의 생각이 사람들한테 깊이 배어 있기 때문입니다. 하지만 우리는 우리 자신의 문제로 과학기술과 항상 맞닿아 있고 매번 선택도 해야 합니다. 휴대폰, 카메라 기종을 택할 때도 끊임없이 학습하지 않습니까? 그렇기 때문에 이런 책이 일반 독자들한테도 부담스럽지 않게 오히려 한 단계 더 깊이 있게 과학이라는 것을 생각할 수 있는 계기를 마련하리라 봅니다.

박진희 ： 덧붙여, 예를 들면, 본문에서 다루고 있는 프로작(Prozac)이나 여러 가지 화학물질, 혹은 GMO 등은 우리가 일상에서 접하는 대상들입니다. 우울증 걸린 본인이 어떤 치료제든 기술을 사용해야 하는 입장에서, 프로작을 선택했을 때 나한테 효과가 있을까 없을까 같은 고민을 할 수밖에 없는 것이 과학기술로 둘러싸인 오늘날의 일상입니다.

　조금 부연 설명을 하자면, 현대사회에서 우리의 판단 과정에 가장 중요하게 기준을 삼는 게 소위 전문가 아닙니까? 의사들의 처방

**"우리는 우리 자신의 문제로서
과학기술과 항상 맞닿아 있습니다.
과학기술에 대해 이야기하고 생각해보는 것,
과학은 이미 우리 사회의 교양입니다."**

이 있어야 하고 컨설팅해주는 사람의 정보를 받아야 하는 것이 현대의 일상이 되었습니다. 가끔 강의 시간에 학생들한테 이런 상황을 설명해주곤 합니다. 신문을 펼쳐보면 어떤 때는 커피가 몸에 엄청 좋은 것이었다가 또 일주일 지나면 유명한 대학에서 실험을 했는데 커피가 신경질환에 문제를 일으킨다고 합니다. 이처럼 우리가 믿어야 할 전문가들의 언술이라고 하는 것 자체가 하루아침에 달라지는 상황에서 우리는 도대체 소비자로서 무엇을 믿어야 하는가라는 문제에 직면하는 게 현실이라고요. 현대사회, 불확실한 이 시대에 소비자들이 겪는 곤혹스러움입니다. 이와 같은 곤혹스러움이 왜 발생하게 되는지를 논쟁을 통해 살펴보면 전문가들이 혼동하게 되는 원인을 알게 됩니다. 과학에서 데이터를 생산해내는 과정이라든가 그것이 만들어지는 과정을 자세히 들여다보면, 전문가들의 언술의 바뀜 등을 이해할 수 있게 되고 과학에 대해서도 훨씬 잘 이해할 수 있습니다.

이 책은 과학에 대해서 어떤 판단을 내릴 때 어떤 정보들이 필요한지 들여다보면서 과학의 과정들을 이해할 수 있게 해줄 것입니다. 과학이 무엇인지 생각해볼 수 있고, 전문가를 더 잘 이해할 수 있게끔 도와주는 책이기도 합니다.

김명진 : 또한 이 책의 핵심인 논쟁과 관련하여 한 가지 더 말하자면, 논쟁은 사실과 가치 문제가 뒤얽혀 있는 경우가 대부분입니다. 보통 과학적 사실에 대한 것들은 깔끔하게 정리될 수 있지만 가치 혹은 윤리 문제에 대한 것은 과학이 정해줄 수 없으니까 사실 관계가 정리되고 난 후 가치 논쟁만 하면 된다고 많이들 생각합니다. 하지만 실제 현실 속의 논쟁을 보면 이 두 가지가 잘 나뉘지 않습니다. 사실 논쟁, 가치 논쟁이 분명하게 구분된다기보다는 이 둘이 뒤얽힌 사실·가치 논쟁으로 존재하는 것이죠. 사실 관련 논쟁인 줄 알았는데 막상 들여다보면 그 안에 어느 정도의 위험을 우리가 감수할 수 있느냐, 이 문제를 해결하기 위해서 어느 정도의 돈을 지불할 용의가 있느냐 하는 식의 문제들이 다 녹아 있습니다. 얼른 보면 과학자들끼리 논쟁을 하니까 어느 쪽 사실이 맞나만 따져보면 될 것 같지만 실제로는 대부분의 경우 그렇지 않습니다. 오늘날 대부분의 논쟁에서 사실과 가치는 분리시키기 어렵고, 그런 점도 논쟁들을 통해서 얻을 수 있는 공통된 통찰이 아닐까 생각합니다.

사회자 : 각자 이 책에서 집필한 글에 대해 어떤 맥락과 문제의식에서 나온 것인지 간단히 소개해주시기 바랍니다.

김병수 : 저는 GMO에 대한 글을 썼습니다. 우리나라에서는 1990년대 후반부터 2000년대 초반까지 반대 운동이 조금 진행되었다가 이후에는 표시제 문제를 제외하고는 크게 주목을 받지 못하고 있습니다. 그런데 15년이나 지났음에도 논쟁이 크게 발전한 것 같지는 않습니다. 여전히 콩과 옥수수와 같은 일부 작물에 관심이 많고 특히 안전성 문제에만 집중하는 경향이 있습니다. 국내에서 식용으로 승인된 작물만 해도 7개이고, 미생물도 2건이나 포함되어 있습니다. 미국의 경우 한동안 GM 연어 승인 문제로 큰 논란을 겪었고, 남미에서 지카 바이러스가 유행하면서 GM 모기에 대한 관심도 커지고 있습니다. 최근에는 유전자 가위 기법을 이용해 만든 생명체를 GMO의 범위에 포함시킬 것인지를 두고 논쟁을 벌이고 있습니다.

전반적으로 제대로 된 논쟁을 벌일 역량이 부족한 상황이라고 할 수 있습니다. 불확실성이 커서 앞으로도 한동안 결론이 나지 않을 안전성 문제에만 너무 집중하게 되면 GMO를 둘러싼 여러 쟁점들을 고려하지 못하게 됩니다. GMO 논쟁 안에는 유전자 오염과 같은 환경 위해성, 안전성 검증 체계, 의사 결정 과정, 기업의 이해관계,

표시제 등 다양한 쟁점들이 포함되어 있습니다. 이러한 쟁점들을 충분히 논의한 후 GMO에 대한 태도를 정하는 것이 바람직하다고 생각합니다. 이 중에서 제 글은 인체 및 환경 위해성에 대한 최근 논의와 GM 연어와 모기, 표시제에 대해 간단히 다루고 있습니다.

김명진 : 이 책에서 제가 다룬 주제는 변종 조류인플루엔자 바이러스 논쟁입니다. 우연히 발견한 외국의 논쟁 진행 과정을 따라가는 형식으로 글을 썼습니다. 이 논쟁은 2011년에 미국에서 시작됐는데 감당하기 힘들 정도로 사태가 눈덩이처럼 커지면서 이해당사자들 간의 이견이 첨예하게 대립했고, 심지어 과학자들 스스로 관련 연구를 일시 중단하는 일까지 발생했습니다. 1970년대의 DNA 재조합 논쟁에서 1975년에 열린 아실로마 회의(Asilomar Conference) 전후로 나타난 과학자들의 연구 일시중단 사태 이후로 이런 일은 처음이 아니었나 싶습니다. 그리고 이 논쟁이 국내에서는 거의 보도가 안 된 것을 보면서 국내의 과학 언론에 대해서 생각해보는 계기가 되었습니다. 왜 관심이 없을까, 관련이 없는 주제도 아닌데, 그런 생각을 품고 논쟁의 추이를 살펴보게 됐고 개인적으로도 이 과정이 매우 흥미진진하게 느껴졌습니다. 이 논쟁은 아직도 완전히 결론이 나지 않았는데요, 앞으로도 계속 진행될 논쟁이고 딱 부러진 답을 얻기 어려운 논쟁입니다. 어느 정도 공중보건 쪽에 이득도 있지만 그

**&&구제역, 화학물질, GMO, 핵발전소 문제 등의
책 속 주제들은 여전히 우리 사회에서
활발히 토론되어야 하는 끝나지 않은 논쟁입니다.
과학은 여전히 논쟁 중입니다!&&**

연구를 계속 추진했을 때 상당히 큰 잠재적 위험이 있는 연구를 허용할 것인지 말 것인지가 주된 논점이지만, 연구의 자유 문제도 걸려 있고 과학의 불확실성, 사회적 불확실성 등도 걸려 있어 불확실성 측면을 들여다보기 좋은 사례라고 생각합니다.

박진희 : 저는 핵발전소 문제에 대한 글을 썼습니다. 쟁점보다는 어떤 의미에서 핵발전소가 갖고 있는 위험을 극복하기 위한 대안들은 무엇이 있을까에 초점을 두었습니다. 그러다 보니 당연히 대안으로서 여러 가지 에너지 중에서 가치적으로 더 민주적이고 중앙집권의 권력에 휘둘리지 않는, 그리고 실제로 시민들이 에너지에 대해서 주권이라든가 시민권이라든가 하는 것들을 충분히 행사할 수 있는 그런 기술 선택이라고 하는 측면에서 재생에너지라고 하는 것을 좀 더 부각시키게 되었습니다. 재생에너지에 방점을 둔 것은 한국에서 워낙 원자력문화재단을 비롯해서 여러 정부기관들에 의해 원전이

신화화되면서 재생에너지에 대한 정보를 얻는 것조차도 쉽지가 않기 때문입니다. 일반 시민들이 원전이 위험해도 어쩔 수 없이 이용해야 한다고 믿게 된 이면에는 사실상 원전을 대체할 수 있으며 이미 실용화되어 있기도 한 재생가능에너지에 대한 정보가 너무 빈약했던 탓도 있습니다. 재생가능에너지가 어떻게 산업부분에서 충분히 쓰일 수 있는지, 어떤 식으로 가능할지에 대한 정보들을 이 글을 통해서 사람들에게 알려주면서 실제로 어떤 기술을 선택할 수 있는지 선택 가능성들을 많은 이들과 공유하고 싶었습니다.

김병수 : 많은 사람들이 핵발전에 대해 거부감이 있으면서도 대안에 대해서는 막연하게 생각하고 있는 것 같습니다. 탈핵을 하려면 비싸면서 효율성이 낮은 태양광 패널을 설치해 겨울에는 춥게, 여름에는 덥게 생활해야 한다고 생각하는 거죠. 탈핵에 대한 잘못된 편견이 여전히 강하게 남아 있는 것 같습니다. 이런 통념을 바꾸기 위해서는 다양한 형태의 대안이나 해외 사례를 적극적으로 소개할 필요가 있다고 생각합니다.

김동광 : 현실에서의 정보 비대칭성이 너무 강하기 때문에 오히려 이 책에서 그런 부분을 강하게 주장하는 것이 그런 비대칭성을 해소시키는 면이 될 수 있을 것 같습니다.

김명진 : 주제별로 다른 것 같습니다. 모든 주제에 대해서 똑같은 방식으로 접근할 수 있는 건 아니죠. 가령 GMO 같은 경우는 국내에서는 아예 논쟁이 없습니다. 논쟁이 생겨야 그때부터 시민참여 거버넌스가 본격화될 수 있는 건데 지금은 아예 존재하지 않으니까요. 정보 비대칭성이 심한 경우에는 반대 진영의 목소리를 더 올려서 논쟁 자체를 더 팽팽하게 만드는 것이 필요할 수도 있습니다. 반면, 국내에 기반 자체가 없는 논쟁 같은 경우에는 비교적 공평하게 소개할 수도 있지요. 주제 자체를 갖고 충분히 고민해볼 수 있는 경우엔 양쪽 입장을 공정하게 반반씩 전달만 해도 충분할 수 있는 주제도 있고요. 구제역도 그렇지 않나요?

김동광 : 구제역의 경우는 국내에서 워낙 큰 사건이었기 때문에 대부분 가축질병으로 당연히 퇴치되어야 하는 무엇이라는 고정관념이 있습니다. 그런데 영국에서는 2001년 훨씬 더 큰 규모로 구제역이 발발했고, 풍부한 사회적인 연구, 인문학적 연구, 인류학적 연구 등이 이루어져서 우리가 그 덕을 많이 봤습니다. 우리나라는 사회문화적 연구가 이제 시작되는 수준이지요.

　구제역 사태는 일부 축산농가만의 문제가 아니고, 가축의 질병으로 국한되지 않습니다. 보다 넓게는 동물권의 문제와 인간과 동물, 또는 채식, 육식의 문제까지 논의가 되어야 합니다. 아쉽게도 그런

부분들이 활성화되지 못했기에 우리한테 남은 과제라고 생각합니다. 그래서 저는 이 책에서 구제역에 대한 다양한 맥락들을 사회적, 문화적으로 짚어보려고 했습니다. 다행히도 여러분들이 구제역에 대한 사회적 연구에 관심을 가지고 있어서 비록 아픈 경험이지만 이를 기반으로 좀 더 깊이 있게 성찰할 수 있는 계기가 되었으면 좋겠습니다.

사회자 : 모두 좋은 말씀 감사드립니다. 무엇보다 이 책을 통해 독자들이 과학 논쟁과 불확실성의 문제를 예전과는 한결 달라진 눈으로 볼 수 있기를 바라봅니다.

차례

| 권두좌담 | **불확실한 시대의 과학 읽기, 과학은 논쟁이다!**　　　　　　**5**

구제역 사태, 대규모 살처분이 유일한 방안일까?
살처분 정책을 둘러싼 논쟁 | 김동광 |　　　　　　**23**

인간이 만들어낸 파멸의 날?
변형 조류인플루엔자 바이러스 논쟁 | 김명진 |　　　　　　**47**

GM 식품, 먹고 안 먹고의 일차원적 질문에서 벗어난다면?
유전자 변형 식품에 관한 논쟁 | 김병수 |　　　　　　**69**

화학물질의 유해성 여부를 판단하기 위해서는
어떻게 해야 할까?
화학물질 규제 논쟁 | 김병윤 |　　　　　　**93**

프로작이 과연 우울증을 치료할 수 있을까?
우울증의 원인과 치료법에 대한 논쟁 | 김환석 |　　　　　　**119**

스리마일, 체르노빌, 후쿠시마 원전 사고가
우리에게 주는 메시지는?
핵발전소의 안전과 경제성을 둘러싼 논쟁 | 박진희 | 139

핵폐기물 관리의 문제를 어떻게 해결할 수 있을까?
고준위 핵폐기물의 관리와 사회적 공론화 논쟁 | 이영희 | 171

불확실한 기후과학 위에 차려진 탄소시장의 정체는?
기후변화의 대처 방안에 관한 논쟁 | 한재각 | 195

참고문헌   219

구제역 사태,
대규모 살처분이 유일한 방안일까?

- 살처분 정책을 둘러싼 논쟁

....

김동광

김동광

고려대학교 독문학과를 졸업하고 같은 대학교 대
학원 과학기술학 협동 과정에서 과학기술 사회
학을 공부했다. 과학기술과 인문학, 오픈 사이언
스, 냉전과 과학기술, 과학 커뮤니케이션 등을 주
제로 연구하고 글을 쓰고 있다. 현재 고려대학교
과학기술학연구소 연구원이며, 고려대를 비롯해
서 여러 대학에서 강의하고 있다. 지은 책으로는
『사회 생물학 대논쟁』(공저), 『과학에 대한 새로
운 관점-과학혁명의 구조』 등이 있고, 옮긴 책으
로 『판다의 엄지』, 『인간에 대한 오해』, 『기계, 인
간의 척도가 되다』 등이 있다.

우리나라의 2010~2011 구제역 사태는 재앙이라는 표현이 어울릴 만큼 엄청난 규모로 한반도를 휩쓸었다. 정부의 발표에 따르면 이 구제역으로 소 11만 5,000마리, 돼지 330만 마리, 젖소 3만 7,000마리 등 345만 마리 이상의 가축이 살처분되어 매몰됐다. 축산농가의 피해도 이루 말할 수 없으며, 이 과정에서 1997년 대만의 경우처럼 축산업의 기반 자체가 허물어지는 것이 아닌가라는 우려의 소리가 높았고, 보상액도 천문학적 수준이었다. 또한 한꺼번에 너무 많은 가축을 매몰하느라 침출수로 인한 지하수 및 상수원 오염, 전염병 발생 가능성 등 이차 피해가 심각하게 우려되었다. 핏물 섞인 침출 수가 곳곳에서 나왔고, 전국 수천여 곳의 매몰지 중 상당수는 침출 수 과다 유출과 사체 노출 등의 심각한 문제가 발생해서 장마를 앞

| 구제역 사태, 대규모 살처분이 유일한 방안일까? |

두고 전면적인 점검이 필요한 실정이었다.

구제역(Foot and Mouth Disease, FMD)은 구제역 바이러스 감염에 의한 급성 전염병으로 전염력이 매우 강하고, 소, 물소, 돼지, 면양, 염소(산양), 사슴 등 가축을 시작으로 야생동물을 포함한 거의 대부분의 유제류(발굽이 두개로 갈라진 동물)가 감염된다. 구제역(口蹄疫)이라는 병명이 붙은 이유는 발병한 동물의 입, 혀, 발굽 또는 젖꼭지 등에 물집이 생기고, 식욕이 저하되는 증상이 나타나기 때문이다. 구제역의 치사율은 어린 가축에서는 높아서 50퍼센트가 넘는 경우도 있다고 알려져 있지만 일반적으로는 수 퍼센트에 불과하다. 구제역 바이러스의 전염력은 일반 바이러스에 비해 매우 높으며, 피해는 주로 발병 이후에 나타나는 발육장애, 운동장애, 비유장애 등에 의한 경제적 피해이다.

우리나라는 1933~1934년 충청북도와 전라남북도를 제외한 전국에서 발병한 후 66년 만인 2000년에 다시 나타났고, 2002년에 재발했다. 2010년 1월에도 경기도 포천에서 구제역이 발병했고, 2010년 11월 경상북도 안동에서 처음 시작되어 2011년 3월 말 정부가 구제역 경보 단계를 주의로 한 단계 낮추면서 사실상 종결을 선언하기까지 110여 일 동안 전라남도 등 일부 지역을 제외하고 전국에서 맹위를 떨쳤다.

역사상 다섯 번째인 2010~2011 구제역 사태(이후 구제역 사태)는

| 불확실한 시대의 과학 읽기 |

국내에서는 규모와 피해가 가장 컸고, 세계적인 발병 사례로도 400만 마리가 폐사되거나 살처분된 1997년 대만, 600만 마리 이상이 살처분된 2001년 영국에 버금갈 정도였다. 구제역이 사상 유례없는 사태로 번지면서 지역 간 이동이 제한되고 지역 행사가 취소되고, 전국적으로 생매장이 자행되고 방역과 매몰 작업에 동원되었던 여러 명의 사람들까지 목숨을 잃자 사회 전체가 흉흉한 분위기에 휩싸였고 관련 전문가뿐 아니라 시민단체들도 활발하게 문제를 제기했다.

이 글은 2010~2011 구제역 사태에서 제기된 쟁점들을 살펴보면서 구제역에 대한 우리 사회의 대응양식을 보다 깊이 이해하려는 시도이다. 먼저 영국에서 19세기 이래 구제역이라는 질병이 탄생하고 그 대응책인 살처분 방식이 만들어진(manufactured) 역사적 과정을 살펴볼 것이다. 그리고 우리나라의 구제역 사태에 대한 대응 방식과 그 과정에서 제기된 쟁점들을 살펴볼 것이다.

살처분 정책은 어떻게 발명되었는가?

대규모 구제역 발병 사례에 관한 영국은 우리에게 중요한 사례를 제공해준다. 영국은 오랜 구제역의 역사를 가지고 있다. 그리고 역사적으로 구제역이 심각한 질병이 되고 그에 따라 살처분 정책이라는 대응 방식이 만들어진 곳 역시

영국이었다.♦

영국에서 구제역이 처음 발병한 것은 1839년이었다. 당시 영국 정부와 농민들은 이 질병에 크게 관심을 기울이지 않았다. 잠시 나타났다가 사라지고 치사율도 낮은 가축 질병인 구제역이 관심을 받지 못한 것은 그리 놀라운 일이 아니었다.

영국에서 처음으로 구제역을 심각하게 우려한 집단은 우수한 품종의 가축을 키우는 부유한 사육자들이었다. 구제역이 일반 품종보다 우수 품종에서 더 증상이 심하다는 이유도 부분적으로 작용했다. 그들은 구제역이 장기간에 걸쳐 미치는 임상적 영향과 비용 손실을 깨닫게 되었고, 구제역을 법률적 해법이 필요한 심각한 질병으로 규정하려고 시도했다. 그 결과 감염된 가축의 이동을 제한하는 법안이 1864년 의회에 제출되었다. 그러나 당시까지 보통 농부, 가축상인, 도시 주민들에게 구제역은 심각한 질병이 아니었으며, 그들을 대표하는 의원들에 의해 법안은 기각되었다. 그렇지만 1865년에서 1867년 사이에 전염력이 매우 강하고 치사율이 높은 소의 질병인 우역(牛疫)이 발생하면서 상황이 바뀌었다. 이 질병이 확산되자 영국 정부는 그동안의 자유방임적 태도를 접고 소의 전염병에 대해 광범위

♦　　　영국의 구제역에 대한 자세한 내용은 다음 책을 참조하라. 아비가일 우즈 『인간이 만든 질병 구제역』(강병철 옮김, 삶과지식, 2011).

| 불확실한 시대의 과학 읽기 |

한 법률적 통제를 가하기 시작했다. 이제 우역은 의무적으로 신고해야 하는 질병이 되었고, 감염된 가축이나 그와 접촉한 가축들은 살처분되었다. 정부가 취한 일련의 조치들이 성공을 거두면서 가축 질병 통제에 대한 국가 개입의 타당성이 받아들여지기 시작했다.

이후 영국 정부는 점차 다른 가축 질병들까지 통제해야 하는 책임감을 느끼게 되었고, 1869년에 의회는 구제역 감염 가축의 이동과 매매를 금지시키는 새로운 법률을 제정했으며, 이 조치는 구제역 발병지역 인근의 모든 가축을 대상으로 확대되었다. 구제역에 대한 두려움이 싹트기 시작한 시기가 대체로 이 무렵이었다. 그리고 비슷한 시기에 좀 더 효율적인 통제 방법에 대한 요구도 제기되기 시작한 것으로 보인다.

살처분이 공식적인 대응책으로 처음 채택된 것은 1892년이었다. 그렇지만 처음에는 오늘날처럼 무차별적으로 적용되는 정책이라기보다는 사안에 따라 담당관의 재량으로 선택할 수 있는 것이었다. 이제 구제역은 익숙하고 대체로 무시되어온 병이 아니라 무서운 동물 전염병이자 엄청난 비용 손실을 초래하는 외부로부터의 침입자로 간주되었고, 광범한 국가적 통제 수단을 통해 영국에서 근절시켜야 할 무엇이 되었다.

살처분을 중심으로 한 영국의 대응 방식은 2001년 구제역 대유행까지 지속되었다. 영국과 달리 살처분 정책을 채택하지 않았던 독일에서 세균학자 프리드리히 뢰플러(Friederich Loeffler)가 20세기 초에 처음으로 구제역 혈청을 만드는 방법을 개발했고, 이후 1938년에 사용가능한 백신이 개발되었지만, 영국은 백신 접종으로 영국에서 구제역을 근절시킬 수 없다는 입장을 고수했다. 1967~1968년 대유행 이후 구제역 발생이 주춤하면서 서유럽 국가들은 백신접종을 중단하는 데 합의했고, 그 과정에서 살처분과 구제역 청정적 지위 유지가 EU 전체의 정책이 되었다.

지금까지 간략하게 살펴본 영국의 역사적 과정에서 형성된 살처분의 정책 틀은 다음과 같이 요약할 수 있다. 첫째, 구제역이 위험한 가축 질병이라는 정의를 국가가 독점했고, 대응 방식도 국가가 주도하는 동원과 통제 방식을 기반으로 했다. 둘째, 청정국 지위 유지라는 경제적 관점이 국익이라는 초월적 가치로 우선시되었고 다른 관점들은 거의 배제되었다. 국가주의가 지배하면서 구제역의 신속한 퇴치와 통제는 국가적 위신의 문제로 간주되기도 했다. 셋째, 통제와 동원이라는 목표를 위해 희생이 따르는 것이 당연하다는 인식이 수반된다. 따라서 농민들은 국가의 결정에 순응해야 하고, 살처분으로 인한 가축과 농민들의 피해는 어쩔 수 없는 것으로 간주되었다.

우리나라의 구제역 사태와
그 쟁점들

우리나라의 2010~2011 구제역 사태는 그 규모와 파급 효과의 측면에서 유례를 찾을 수 없었고, 단순히 가축 질병의 차원을 넘어서 전 사회적 재난으로 비등하면서 정부의 초동대처 미흡 논란, 발생원인을 둘러싼 논쟁, 살처분 정책의 문제점, 밀집 사육방식 문제, 무리한 살처분 과정에서 빚어진 인명 피해, 대규모 매립에 따른 환경 오염과 질병 발생 가능성 등 숱한 쟁점들을 낳았다. 그렇지만 그중에서도 가장 핵심적인 쟁점은 살처분을 중심으로 한 대응 과정을 둘러싼 논쟁이었다.

살처분은 과거의 발병 사례부터 줄곧 표준적 대응책으로 적용되었고, 대응 매뉴얼에서 가장 기본적인 방법이다. 따라서 흔히 살처분 정책은 가장 값싸고 효율적인 해결책으로 인식되고 있다. 그러나 2010~2011 구제역 사태에서 이러한 믿음은 크게 흔들렸다.

영국의 사례와 마찬가지로 구제역에 대한 대응은 경제와 산업적 관점으로 일관되었고 다른 관점은 좀처럼 허용되지 않았다. 여기에서 구제역은 근절되어야 할 위험한 질병이었고, 청정국 지위 유지와 국익이라는 모호한 목표에 대해 소수의 시민단체와 지식인을 제외하고 거의 문제가 제기되지 않았다. 살처분으로 매몰한 가축의 숫자가 300만 마리를 넘어서고 전국이 매몰 가축으로 넘쳐나게 되자 비

| 구제역 사태, 대규모 살처분이 유일한 방안일까? |

로소 살처분 방식이 쟁점으로 부상했다.

주요 사건을 중심으로 한 2010~2011 구제역 사태 일지

2010. 11. 28	경북 안동 구제역 발생.
12. 1	구제역 위기경보 2단계 주의 단계로 격상.
12. 7	경북 안동시 구제역 방역 공무원 첫 사망(정부 발표, 총 사망자 9명 부상자 164명).
12. 15	경기도 양주시로 확산.
12. 15	구제역 위기경보 3단계 경계 단계로 격상.
12. 21	강원도 평창군으로 확산, 발생농가 살처분.
12. 28	한국동물보호연합 등 시민사회단체 예방적 살처분 중단 촉구.
12. 29	구제역 사태 '국가 재난' 선포. 위기경보 수준 최고 수준인 '심각'으로 격상. 12개 정부 부처가 참여하는 중앙재난안전대책본부 행정안전부에 설치.
2011. 1. 3	충남 천안, 보령으로 구제역이 확산되면서 MBC 뉴스 등에서 "구제역 통제 불능"이라는 표현 등장.
1. 5	국가 재난 선포에도 불구하고 경기도 용인, 강원도 횡성, 충남 천안 등으로 급속 확산.
1. 6	구제역 충북 확산. 전국 소, 돼지 6.9퍼센트인 94만 8,000마리 살처분. 대통령 주재 긴급장관회의에서 일부 돼지 종돈과 모돈 약 21만 마리에 대한 예방접종 실시 결정.
1. 13	백신 예방접종 전남북 경남을 비롯한 전국 확대.
1. 24	대구에 이어 경남 김해에서도 구제역 발생. 전남, 제주를 제외한 사실상 모든 지역에서 구제역 발생.
2. 1	살처분 매몰 가축 수 300만 마리 육박.

| 불확실한 시대의 과학 읽기 |

2.14	'구제역 AI 시민조사단' 발족. 대규모 생매장으로 인한 오염과 주민 건강 문제 등 독자적 조사 작업 착수.
3.9	교수 지식인 234명 성명 살처분 중심 방역대책 폐기 촉구.
3.20	정부가 매몰지 공개를 꺼리자 네티즌들이 직접 전국 구제역 매몰지 협업지도 작성.
3.29	정부 구제역 종식 선언.
4.11	시군단위 가축 이동제한 조치 해제.
5.6	정부 '가축질병방역체계 개선 및 축산업 선진화 세부방안' 발표.

국익을 앞세운 경제주의적
대응 방식은 옳았는가?

우리나라의 경우, 구제역이 심각한 가축질병이라는 점에 대한 논란은 거의 없었고 주된 대응 방식인 살처분 정책에 대해서도 2010년 봄까지 거의 아무런 문제가 제기되지 않았다. 구제역에 대한 정의는 국가의 몫이었고, 구제역의 피해에 대한 판단 역시 국가에 의해 독점되었으며 그에 대해 시민사회나 농업 공동체의 문제제기는 거의 이루어지지 않았다. 그것은 농업에 대한 국가 주도의 관행이 가축 질병에 대한 관리에까지 확장된 것으로 볼 수 있다.

구제역과 관련된 문헌들에서 구제역을 위험한 가축질병으로 규정하는 가장 중요한 근거로 제시되는 것은 동물질병 관련 전문기구인 국제수역회의(OIE)◆가 구제역을 포함한 15개 질병을 A급 질병으로 분류하고 있다는 사실이다. 우리나라는 국제수역회의가 정한 방침을 그대로 받아들여 구제역을 법정 가축전염병 1종으로 분류하고 있고, 가장 중요한 가축 전염병으로 인식하고 있다.

OIE가 구제역을 A급 질병 중에서도 첫 번째로 중요한 가축전염병으로 꼽는 주된 이유는 산업적 측면이다. 즉 돼지와 소와 같은 가축이 직접 이 질병에 의해 죽는 비율은 높지 않지만 상품으로서의 가치가 떨어진다는 것이다. 그 피해는 주로 산업적 가치가 떨어져서 나타나는 직접적인 경제적 가치, 이른바 청정국의 지위를 잃어서 국제적 유통에서 입는 손실, 그리고 간접적으로 발생하는 사회 경제 문화적 손실에 해당한다.

구제역 사태에서 나타나는 중요한 특징은 우리나라의 경우 경제와 교역적 관점에 기반을 둔 OIE의 구제역에 대한 정의와 그 대응 정책인 살처분 방식을 그대로 차용했음에도 불구하고 구제역 사태 초기에는 구제역에 대한 대처 방식이 정말 경제적인가에 대한 물음이 거의 제기되지 않았다는 점이다. 구제역이 전국적으로 확산되고

◆　　Office International des Epizooties, World Organization for Animal Health, 국제수역사무국(國際獸疫事務局) 또는 세계동물보건기구라고도 불리며 1924년 프랑스 파리에 설립되었고 1995년 동물검역에 관한 국제기준을 수립하는 국제기관으로 공인되었다.

매몰 비용과 보상비가 눈덩이처럼 불어나자 비로소 정부가 연간 20억 원가량의 육류 수출을 위해 구제역 청정국 지위를 고집하다 천문학적 재정 손실을 입었다는 각계의 지적이 빗발치기 시작했다. 학계와 시민단체 등 전문가들의 문제제기가 잇따르자 결국 당시 행정안전부 장관은 2월 14일 간담회에서 "청정국을 애써 유지하기엔 위험 부담이 크고 연간 육류 수출액이 20억 원밖에 안 되는 만큼 안전한 백신 청정국이 낫다고 판단했다"고 설명했다. 그렇지만 여전히 청정국 지위에 대한 미련을 완전히 버린 것은 아니었다. 당시 장관은 "이번 구제역 사태로 전국적으로 백신접종이 이뤄진 만큼 앞으로 매몰 대신 백신을 주기적으로 접종해 구제역 청정국 지위를 확보하겠다"고 밝혔다. 백신접종을 하지 않는 청정국보다는 한 단계 낮지만 '백신 청정국' 지위라도 다시 얻겠다는 것이다.

이러한 청정국 지위에 대한 집착은 구제역에 대한 경제적, 산업적 관점이 얼마나 강고한지를 입증하면서 동시에 경제성에 대한 환상이 정작 경제적 분석에 기반을 두는 것이 아니라 다른 요인들에 의해 떠받쳐진다는 것을 보여준다. 청정국 지위에 대한 집착은 단순히 경제적 측면뿐 아니라 우리 사회가 가축질병을 인식하는 방식, 국익에 대한 사회 전반의 맹목적 동의 등 다양한 요소들을 통해 형성된 것임을 알 수 있다. "국익 = 경제적 이익 = 청정국 지위 유지"라는 등식이 지배하면서 다른 관점을 좀처럼 허용하지 않았다. 이러한 상

| 구제역 사태, 대규모 살처분이 유일한 방안일까? |

2011년 1월 경기도 동두천시 상패동에서 방역당국이 돼지를
살처분하고 있다. 살처분을 위한 약물 공급이 2010년 말
끊겨 돼지를 생매장하는 하는 사태까지 일어났다.

황은 지금도 크게 바뀌지 않았다.

한마디로 구제역 사태를 둘러싼 논쟁은 거의 경제주의적 관점 일색이었다. 정치권의 공방은 누구의 주장이 더 경제적인지를 둘러싼 것이었을 뿐, 구제역 사태가 국가 경제와 교역의 문제일 뿐 아니라 그와 연관된 수많은 사람들의 삶, 사회, 문화, 농촌 등의 포괄적인 문제라는 점은 거의 제기되지 않았다.

대규모 살처분이 유일한 방안이었는가?

우리나라의 가축 관련 법령들은 국가의 주도를 전제로 하고 있으며, 이러한 전제는 사회적으로 큰 문제 없이 받아들여지고 있다. 방역은 국가의 사업이라는 국가방역 개념은 가축질병을 규율하는 법정 전염병 개념의 바탕을 이루고 있다. 가축전염병 예방법 3조는 방역 책무를 국가 및 지방자치단체에게 지우고, 20조에서는 필요하다고 인정되는 경우 살처분을 명할 수 있다고 규정하고 있다.

구제역 사태에서 정부의 대응 방식에 대해 제기된 비판은 초동 대처 미흡이나 위기관리 능력의 부재에 집중되었고, 정부가 주도하는 일방적 통제 방식 자체에 대해서는 거의 문제가 제기되지 않았다. 오히려 정부가 처음부터 강력한 대처를 하지 않았다거나 군대의 동원에 소극적이었다는 문제가 제기되었을 뿐이었다. 이러한 시각은 일부 수의학계도 마찬가지여서 한 수의대 교수는 라디오 방송 인터뷰에서 "방역은 제2의 국방이다. 국민이 할 수 있는 것은 없고 군인이 지켜야 한다"라고 말했다.

정부는 살처분 방식이 가장 빠르고 효율적으로 구제역을 종식시킬 수 있다고 주장했지만, 실제로 그러한지는 확실치 않다. 많은 사람들은 구제역에 대한 초동 대응이 늦어졌기 때문에 구제역이 크게 확산되었다는 일반적인 주장을 대체로 받아들이는 경향이 있지만, 2001년 이후 영국, 대만 그리고 한국에서 발생한 대규모 발병 사례는 살처분 정책이 그다지 효율적이지도, 비용이 적게 들어가지도 않는다는 것을 보여준다. 영국의 경우 살처분 정책이 효과를 거둔 것처럼 보인 데에는 수많은 요인들이 함께 관여했고 그중에는 자연적인 발병 건수 감소와 같은 우연적인 요인들도 포함되었다.

살처분 방식이 선호되는 이유 중 하나는 국가가 주도하는 일사불란한 통제 정책에 잘 부합한다는 점이다. 발생 지역을 감염 지역으로 선포하고, 발생원인을 역학적으로 조사하고, 가축과 사람의 통행을 저지하고, 공무원과 군대를 동원해서 살처분과 매몰 작업을 실시해서 질병을 뿌리뽑는다. 살처분 정책은 통제와 동원 그리고 근절이라는 이념을 구현하기에 적절한 접근 방식이다.

이러한 접근 방식에서 구제역은 근절 가능하고 동시에 반드시 근

| 불확실한 시대의 과학읽기 |

절되어야 할 질병으로 간주된다. 정부가 중점 관리하는 주요 가축 전염병 중에서 특별관리를 통해 발병을 근절해야 할 대상은 6종, 발병을 최소화해야 하는 대상은 5종이다. 이중에서 구제역은 완전히 근절대상으로 삼아야 하는 6종에 포함되어 있다. 따라서 교수 지식인 성명에서 제기되었던, 구제역에 걸린 동물들이 전염병을 스스로 이겨내도록 기다리자는 시민사회의 관점이 들어설 여지는 없었다.

정부의 살처분 정책에 대해 의문이 제기되기 시작한 것은 구제역이 '통제불능에 빠졌다'는 인식이 사회적으로 확산되면서부터였다. 정부는 구제역이 여러 지역에서 동시다발적으로 빠르게 확산되자 2010년 12월 29일 구제역 사태를 '국가 재난'으로 선포했다. 그렇지만 해가 바뀌어도 구제역은 수그러들 기미를 보이지 않았고 여기저기에서 구제역이 국가의 통제 수위를 넘어서 재앙이 되고 있다는 주장이 제기되기 시작했다. 결국 2011년 1월 6일 대통령 주재 긴급 관계장관회의에서 일부 돼지 종돈과 모돈에 대해 예방접종 실시를 결정했고, 1월 13일에는 백신 접종이 전국으로 확대되었다.

그동안 살처분 정책이 정당성을 유지할 수 있었던 것은 구제역을 차단할 수 있다는 믿음 때문이었다. 그러나 과거의 사례와 달리 2010~2011 구제역 사태에서 살처분 중심의 정책은 효력을 발휘하지 못했다. 특히 1990년대 후반 이후 대만과 영국의 대규모 발병 사태가 잘 보여주듯이 구제역의 발생 빈도가 높아지고 지역도 넓어지

| 구제역 사태, 대규모 살처분이 유일한 방안일까? |

고 있어서 구제역을 둘러싼 상황이 과거와 크게 달라졌다. 살처분 방식은 간헐적이고 소규모인 구제역 발병 상황에서는 어느 정도 효과를 거둔 것처럼 보였지만, 구제역이 빈발하고 점차 토착화되는 상황에서는 더 이상 통용되기 힘들다는 사실이 입증된 셈이다. 시민조사단의 발표와 교수 지식인 성명에서 지적되었듯이 이번 구제역 사태에서 살처분을 통한 대응 방식은 총체적 실패였으며 건강한 가축까지 대규모로 생매장해서 구제역에 대한 자연 면역력이 형성될 수 있는 기회를 무산시켰다. 2010~2011 구제역에서 실제로 구제역에 걸려 희생된 동물은 단 한 마리도 없었다. 구제역에 걸려서 죽었는지 확인조차 할 수 없었다는 것이 좀 더 정확한 표현일 것이다. 400만 마리에 가까운 동물들이 예방적 살처분으로 죽임을 당했기 때문이다.

구제역 발생 원인을 둘러싼 논쟁, 유입인가 아닌가?

2010~2011 구제역을 둘러싼 논쟁에서 또 하나의 중요한 쟁점은 발병원인을 둘러싼 것이었다. 발생과 거의 동시에 경북 안동의 권모 씨는 베트남을 다녀왔다는 이유로 2010년 11월 29일 원인발생자로 지목되었다. 구제역이 확진된 지 불과 이틀 만인 12월 1일에 당시 유정복 장관이 국회에 보고하는 과정에서 전파 경로가 밝혀진 것이다. 이에 대해 환경보건시민센터와

서울대 보건대학원은 이렇게 빨리 전파경로가 밝혀진 경우는 역학 조사에서는 있을 수 없는 일이라고 주장했다. 서울대 수의대의 우희종 교수는 안동에서 발생한 구제역 바이러스가 주변국에 상재한 바이러스 계통으로, 특히 그해 봄에 강화 지역에서 유행했던 바이러스가 초겨울이 되어 다시 유행한 것으로 볼 수 있다고 문제를 제기했다. 방역당국이 동북아유행형이라는 사실을 의도적으로 무시한 비과학적 태도로 일관했다는 것이다. 발생원인을 밝혀내는 역학조사에서 정작 바이러스 유형이라는 중요한 요소가 충분히 고려되지 못하고 무시된 셈이다.

발생원인을 밝혀내는 것은 단지 역학적 의미로 국한되지 않고, 국가의 주도로 구제역을 통제해서 근절시킨다는 접근 방식의 선결 조건이기도 하다. 원인, 그것도 단일한 원인을 찾아내지 못한다면 확실한 통제나 근절이 어떻게 가능하겠는가? 이러한 경향은 2010~2011 구제역 사태에서만 나타난 것이 아니었다. 지난 2010년 1월에 발생했던 구제역도 역학조사 결과 원발농장을 1차 발생농가인 H농장으로 지목했고, 바이러스 최초 유입일은 2009년 11월 말로 추정되었다. 당시에도 농장 주인이 2009년 하반기에 동남아 지역을 여행했고, 고용했던 외국인 노동자가 국제우편으로 한약을 수령한 것이 원인 중 하나로 지목되었다. 그러나 이러한 추정은 추정에 불과할 뿐 구제역 유입의 인과관계로 보기는 힘든 것으로 분석되었다.

실제로 구제역의 발생경로나 직접적인 원인을 찾아내기는 매우 힘든 것으로 알려져 있다. 대부분의 경우 인과관계를 밝혀내기보다는 추정이나 추측으로 전파경로를 판단하는 경우가 많다. 예를 들어 2001년 네덜란드는 중간 집결지에서 감염된 소의 이동이 전파요인으로 추정되었고, 같은 해인 2001년 영국의 구제역 발생에서는 오염된 돼지 먹이(swill)로 외국에서 영국으로 유입된 후 동물 이동으로 인해 구제역이 전국적으로 확산된 것으로 생각되었다. 그렇지만 원인은 그 밖에도 많다. 불법적인 축산물이나 축산 가공물 도입도 원인이 될 수 있다. 림프절과 골수에서 바이러스가 오랫동안 생존해서 도축 이후에도 살아남을 수 있으며, 냉동시켰을 경우 수년 동안 생존이 가능하기도 하다.

구제역을 둘러싼 다양한 쟁점들의 출현

정부는 국익을 위해 질병 퇴치가 지상 과제라는 전제를 토대로 일방적인 정책을 강행했으며 통제를 위해 순응과 희생을 요구했다. 이 과정에서 다른 관점은 배제되었고 백신 정책은 살처분 방식에 대한 대안이라기보다는 통제를 위한 보완적 맥락에서 주로 다루어졌다. 구제역과 살처분 정책에 대해 다른 관점을 제기한 시민사회의 주장은 배제되거나 주변화되었다. 그러나 구제역 사태 후반기인 2월 14일에 결성된 구제역 AI 시민조사단이 결성 이유를 "시민의 관점에서 느끼는 문제와 해결방향"을 찾으려는 것이라고 밝혔던 것처럼, 시민사회는 구제역에 대해 그동안 제대로 표현되지 않은 다양한 관점을 제기하려고 시도했다. 이러한 노력은 2010~2011 구제역에서 매우 중요한 의미를 가진다. 동물권 단체와 환경단체들은 초기부터 지속적으로 살처분 정책의 잔인함, 밀집 사육의 문제, 열악한 농장 동물들의 복지 개선을 제기했다. 그러나 정부는 밀어붙이기식 살처분 정책으로 다른 관점을 받아들이지 않았고, 시민사회의 목소리는 큰 힘을 발휘하지 못하고 주변화되었다.

그러나 2010~2011 구제역 사태에서 그 관점이 가장 드러나지 않은 집단은 정작 구제역 사태의 직접적인 당사자들인 가축과 농민들이었다. 살처분이라는 일방적 통제양식의 가장 큰 희생자인 농장동물의 실상이 제대로 인식되지 못하고, 그 근본적인 원인인 공장식 밀집사육과 산업화된 농업의 문제점이 제기되지 못했다.

마찬가지로 농민들의 관점 역시 제대로 표현되지 않았고, 언론 보도 역시 동정적 맥락에서 크게 벗어나지 못했다. 농민들은 격리 조치로 자신의 농장을 벗어나지 못하는 고통을 받아야 했고 설 명절에도 자식들이 고향을 찾지 못하는 초유의 사태가 일어났다. 더구나 자신의 농장이 살처분 대상으로 지정되면 자식처럼 아끼며 길렀던 가축을 하루아침에 땅에 묻어야 했다.

구제역 방역 지역이 넓어지고 장기화되면서 현장에서 방역을 책임진 공무원과 군인들의 희생도 속출했다. 2010년 12월 7일 경북 안동에서 방역 공무원의 첫 번째 사망 사건이 발생한 이래 구제역이 종식되기까지 정부발표로 총 사망자 9명 부상자 164명의 인명 피해가 이어졌다. 그 밖에도 살처분에 동원되었던 공무원과 농민들 중에서 육체적인 손상은 아니지만 외상후스트레스 장애, 이른바 '구제역 트라우마'로 고통 받는 사람들은 상당수에 이르렀다. 살처분으로 인한 피해와 희생은 국가가 일방적으로 살처분 정책을 강행하는 과정에서 나타난 필연적인 결과였다.

구제역 사태가 주는
메시지

2010~2011 구제역 사태는 그동안 우리에게 가려져 있었던 많은 쟁점들을 제기했다. 엄청난 피해와 상처를 남기고 구제역은 종식되었지만, 많은 사람들은 구제역이 언제든 다시 발생할 수 있다고 경고하고 있다. 구제역에 대한 우리의 이해는 아직 충분치 않다. 특히 지난 1997년 대만과 2001년 영국의 대규모 유행사태에서 보듯이 1990년대 후반 이후 구제역을 둘러싼 상황은 크게 변화했다. 값싼 운송수단의 증가와 급격한 세계화로

구제역 바이러스는 이미 우리 주위에 상존하고 있으며, 과거에 비해 잦아진 구제역 발병으로 바이러스가 외부에서 들어온 것인지 과거에 발병했다가 다시 나타난 것인지 구분하기 힘든 것이 사실이다. 따라서 구제역이 근절 가능한 위험한 가축질병이라는 국가 주도의 일방적 프레이밍 자체가 성찰될 필요가 있을 것이다. 구제역을 근절할 수 있다는 발상은 구제역을 둘러싼 상황 변화를 고려할 때 재고될 필요가 있으며, 가축들이 구제역에 대한 자연적인 면역력을 길러 스스로 이겨낼 수 있도록 가축을 둘러싼 사회적, 경제적, 물리적 환경을 재구성하는 보다 근본적인 발상 전환이 요구되고 있다.

영국과 대만, 그리고 우리의 2010~2011 구제역의 역사적 경험은 살처분이 흔히 생각하듯이 효율적이고 언제나 작동하는 대응 방식이 아니며, 지금까지 살처분이 효과적인 것처럼 보인 데에는 수많은 우연적 요인들이 함께 작용했다는 것을 보여준다. 구제역에 대한 올바른 대응 방식을 마련하기 위해서는 살처분이냐 백신이냐의 처방적 관점이 아니라 구제역 사태를 통해 드러난 숱한 쟁점들에 대한 진지한 성찰이 요구된다.

이 글은 "우리에게 구제역은 무엇인가?: 국가 주도의 살처분 정책과 그 함의", 《민주사회와 정책연구》(2011 하반기, 통권 20권, pp.13-40)를 수정·보완한 것이다.

인간이 만들어낸 파멸의 날?

- 변형 조류인플루엔자 바이러스 논쟁

김명진

김명진

서울대학교 대학원 과학사 및 과학철학 협동과정에서 미국 기술사를 공부했고, 현재는 서울대학교와 동국대학교에서 강의하면서 시민과학센터 운영위원으로도 활동하고 있다. 원래 전공인 과학기술사 외에 과학 논쟁, 대중의 과학이해, 생명정치, 과학자들의 사회운동 등에 관심이 많으며, 최근에는 냉전 시기의 과학기술 체제에 관심을 가지고 공부하고 있다. 지은 책으로 『야누스의 과학』, 『할리우드 사이언스』, 옮긴 책으로 『닥터 골렘』(공역), 『셀링 사이언스』, 『과학 기술 민주주의』(공역) 등이 있다.

서구 과학계에서는 2011년 말부터 2012년 상반기까지 실험실에서 만들어낸 변형 조류인플루엔자 바이러스와 관련해 열띤 논쟁이 전개되었다. 논쟁은 생물테러 등에 악용될 수 있는 민감한 정보를 담은 과학 논문의 발표를 어떻게 할 것인가 하는 문제에서 출발해, 인류에게 주는 이득보다 해악이 더 클 수 있는 위험성을 내포한 연구를 어떻게 규제할 것인가의 문제로 번졌고, 급기야 해당 연구자들이 연구의 일시중단(moratorium)을 선언하고 동료 연구자, 규제기관, 정부와의 공개 논의에 나서는 데까지 나아갔다. 이후 논쟁은 일련의 반전을 거쳐, 지금은 한때 첨예했던 논쟁이 일단락되고 어느 정도 대책이 마련되어 연구가 재개되는 단계로 넘어간 듯 보인다.

　그러나 이 논쟁이 일으킨 파문과 그 속에 내포된 여러 쟁점들은 쉽게 가라앉지 않고 여전히 많은 생각해볼 점들을 던져주고 있다. 여기에는 과학자의 연구와 논문 발표의 자유, 생물보안과 공중보건의 위험과 불확실성, 정부와 규제기관의 역할과 권한, 과학자와 대중의 바람직한 관계 같은 여러 가지 쟁점들이 복잡하게 뒤얽혀 있으며, 그런 의미에서 하나의 분수령을 이루는 사건이 될 가능성이 크다. 논쟁이 한창 진행 중이던 2012년 1월에 미국 연방정부 산하의 자문기구인 국가생물보안자문위원회(NSABB)의 의장을 맡고 있는 미생물유전학자 폴 케임이 "지금은 아실로마와 비견할 만한 시기이다"라고 단언한 것도 그런 맥락에서 이해할 수 있다.◆ 이 글에서는 변형 조류인플루엔자 바이러스 연구와 관련된 논쟁의 경과를 요약하고 그 속에서 제기된 주요 쟁점들을 정리해본 후, 이번 논쟁이 빚어낸 변화와 그것이 던지는 함의들을 생각해보도록 하겠다.◆◆

◆　　　　1975년 초 미국 캘리포니아 주 아실로마에서 열린 학술회의는 당시 첨예한 논란을 낳고 있던 DNA 재조합 기술의 위험성 문제를 다루어 이후 유전공학의 발전 과정에 결정적인 전환점이 된 사건으로 평가받고 있다. 아실로마 회의의 역사적 의미에 대해서는 *Perspectives in Biology and Medicine*, 44:2 (Spring 2001)에 수록된 25주년 기념 심포지움 글들을 참고하라.
◆◆　　　　이 글에서 정리한 변형 조류인플루엔자 바이러스 논쟁의 경과는 학술지 《네이처》와 《사이언스》에 실린 수십 건의 기사, 논평, 사설 등에 의지했으며, 여기서는 지면 관계상 상세한 인용 표시는 생략했다. 관련 기사들의 목록은 두 학술지의 특집 페이지 http://www.nature.com/news/specials/mutantflu/와 http://www.sciencemag.org/site/special/h5n1에서 볼 수 있다.

H5N1 바이러스의
위협

　　　　　　　　　흔히 독감이라고 불리는 인플루엔자는 상대적으로 대수롭지 않은 질병이라는 선입견에도 불구하고 20세기 동안 주기적으로 크게 유행해 인류를 괴롭힌 중대한 공중보건상의 위협이었다. '스페인 독감'으로 알려진 1918년 인플루엔자 대유행은 1년에 걸쳐 지구를 한 바퀴 돌면서 전 세계적으로 5,000만~1억에 달하는 엄청난 사망자를 낳았고, 1957년과 1968년의 대유행은 그보다는 덜했지만 각각 200만과 70만 명의 사망자를 냈다. 그 이후에는 상대적으로 대유행이 뜸했지만, 1990년대 말부터 이른바 '고병원성' 조류인플루엔자라고 불리는 H5N1 바이러스가 새로운 대유행을 일으킬 수 있는 가장 유력한 후보로 부상해왔다. 1997년 홍콩에서 처음 등장해 닭이나 오리 같은 가금류에서 거의 100퍼센트에 가까운 치사율을 보인 H5N1 바이러스는 H5 균주에 대한 의학계의 통설을 깨고 사람에게도 전염되었고, 50퍼센트가 넘는 엄청난 치사율을 보여 충격을 주었다(엄청난 대재앙을 낳은 1918년 대유행 때도 인플루엔자로 인한 사망률은 2.5퍼센트에 불과했다). 그러나 다행히도 H5N1 바이러스는 통상의 계절독감처럼 사람 대 사람으로 호흡기를 통해 전염되는 능력을 아직 갖고 있지 못해 직접 가금류나 야생조류를 접하거나 생고기를 만지는 사람들(주로 동남아시아와 중동

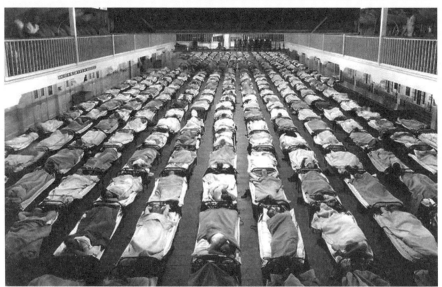

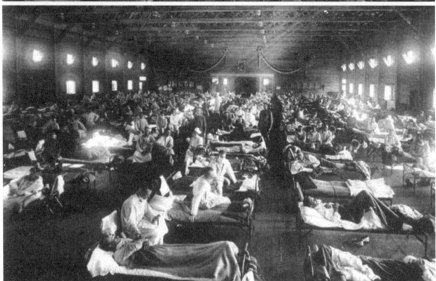

1918 인플루엔자 대유행 때 미국 각지에서 체육관 등
공공시설에 마련한 가설 병동의 모습. 당시 미국에서는
인플루엔자로 대략 70만 명의 사망자가 발생했다.

등지에 사는)이 주로 걸렸고, 환자 수도 전 세계적으로 수백 명에 불과해 파급력은 약했다. 그럼에도 H5N1 바이러스가 자연적인 변이를 거쳐 사람 대 사람 전염 능력을 획득하면 이는 곧 1918년 대유행을 뛰어넘는 엄청난 대재앙으로 이어질 수 있다는 가능성이 그간 공중보건학자들의 악몽으로 떠돌고 있었다.

2011년 여름에 과학자들은 바로 그런 일을 현실로 만들었다. 네덜란드의 로테르담에 있는 에라스무스의학센터의 연구자 론 푸셰와 미국 위스콘신-매디슨대학의 연구자 가와오카 요시히로가 각각 독립적으로 실험실에서 흰담비(인플루엔자에 대한 반응이 사람과 가장 흡사한 실험동물)들 사이에 호흡기로 전염될 수 있는 변형 H5N1 바이러스를 만들어낸 것이다. 푸셰는 애초 유전자조작 기법을 이용해 변형 바이러스를 만들어내려 했으나 실패하자 바이러스를 흰담비들 사이에 반복적으로 옮겨넣어 병원체가 새로운 숙주에 적응할 수 있게 하는 유서 깊은 방법을 동원했고, 10세대 만에 공기로 전염되는 바이러스를 만들어내는 데 성공했다. 이 바이러스는 건강한 동물을 병에 걸린 동물과 이웃한 우리에 넣어두기만 해도 전염되었다.

이 연구는 인플루엔자 학자들 사이에서 이전까지 제기되었던 몇몇 견해들을 반박한 듯 보였다. 그간 일부 과학자들은 인간 숙주에 적응한 H5N1 바이러스는 복제능력을 잃어버릴 거라거나, 사람의 인플루엔자 바이러스와 유전자가 뒤섞여 재배열되며 병독성이 약

| 인간이 만들어낸 파멸의 날? |

해질 거라거나, 인플루엔자 대유행은 H1, H2, H3 균주만 가능할 거라는 등의 이유를 들어 H5N1 대유행의 가능성을 낮게 보고 있었다. 그러나 푸셰 연구팀은 H5N1 바이러스의 두 개 유전자에서 불과 다섯 개의 변이(이러한 변이들 각각은 자연적으로 이미 발견되는 것이며 단지 하나의 개체 속에 동시에 일어나지만 않았을 뿐이다)만 일어나면 바이러스가 공기 전염력을 갖게 됨을 보였고 병독성도 약해지지 않음을 시사함으로써 기존의 낙관적인 견해를 산산조각으로 만들었다.

논문 검열 논쟁과
연구 일시중단 선언

2011년 7월에 문제의 바이러스를 만들어낸 푸셰 연구팀은 9월에 몰타에서 열린 학술회의에서 자신의 연구결과를 발표했고 뒤이어 《사이언스》에 논문을 투고했다. 그리고 거의 같은 시기에 가와오카 연구팀 역시 《네이처》에 논문을 투고해 두 학술지의 논문 심사가 동시에 진행되기 시작했다. 그러나 몰타에서 발표된 푸셰의 연구결과가 과학잡지 《뉴사이언티스트》와 《사이언티픽아메리칸》에 잇따라 소개되고, 논문 내용이 갖는 중대한 함의를 알아챈 학술지 편집자들이 외부에 자문을 구하면서 연구의 의미와 파급효과를 둘러싼 과학계 내부의 논쟁이 촉발되었다.

푸셰 자신을 비롯한 옹호자들은 이 연구가 H5N1 대유행의 위험에 대해 경종을 울리는 효과 외에도 공중보건에 대해 여러 잠재적 이득을 제공할 거라고 주장했다. 가령 바이러스가 인간 대 인간 전염력을 갖게 되는 돌연변이 메커니즘을 정확하게 알아내면 야생에서 동일한 돌연변이를 가진 개체를 사전에 모니터링해 대비책을 마련할 수 있을 것이고, 기존의 백신과 항바이러스제가 신종 바이러스에 듣는지 여부도 알아낼 수 있을 거라는 얘기였다. 그러나 비판자들은 현존하는 H5N1 감시망이 매우 허술함을 감안하면 그러한 이득이 실제로 존재하는지 매우 의심스러울뿐더러, 설사 이득이 존재한다고 해도 그것이 제기하는 위험이 이득을 압도한다고 주장했다. 변형 H5N1 바이러스가 생물테러에 악용되거나 연구자의 실수로 실험실을 빠져나와 퍼져나갈 가능성을 결코 배제할 수 없다는 것이었다.

논쟁은 학술지 편집자들의 요청을 받은 미국 정부 산하의 자문기구 국가생물보안자문위원회(NSABB)가 해당 논문의 검토에 나서면서 연구결과의 학술지 발표로 옮겨붙었다. 2011년 11월 말 NSABB는 사안의 중대성을 감안해 논문의 전반적 결론은 신되 실험의 재연(再演)을 가능케 하는 세부사항은 삭제해 출간하도록 《사이언스》와 《네이처》에 권고했고, 학술지와 저자들은 논문의 전체 내용을 필요로 하는 과학자들에게 제공해줄 수 있는 메커니즘을 정부가 마련한다는 조건을 달아 이에 동의했다. 이러한 합의 사실이 12월 말에 알려지면서 과학계는 격렬한 비판과 강한 지지 입장으로 분열되었다. 흥미로운 것은 NSABB에 대한 비판이 연구의 옹호자와 비판자 양측 모두에서 제기되었다는 사실이다. 뉴욕 마운트시나이의대의 미생물학자 피터 팰리스 같은 옹호자들은 NSABB의 권고안이 사실상의 검열로써 실현 가능성도 없고 관련 정보의 공유를 지연시켜 공중보건에도 오히려 해가 된다고 하면서 논문 전체를 온전한 형태로 출간해야 한다고 주장했다. 특히 제한된 수의 '책임 있는' 연구자들에게만 논문의 완전한 내용을 제공한다는 합의와 관련해, 팰리스는 어떤 과학자가 정보를 가질 수 있는지를 누가 결정할 것인지, 또 그렇게 제한적으로 공개된 내용이 더 퍼져나가지 않도록 막을 방법이 있는지 하는 질문을 던졌다.

반면 럿거스대학의 분자생물학자 리처드 에브라이트 같은 비판자들은 NSABB의 검토와 권고안이 너무 늦게 나왔으며 위험한 병원체들로부터 세상을 지키기에는 불충분하기 짝이 없다고 비판했다. 에브라이트는 논문의 심사위원을 포함한 수많은 연구자들이 이미 논문을 접한 시점에서 논문의 발표를 부분적으로 제한하려는 시도는 무익한 것이라면서, 그러한 검토가 논문 발표 단계보다 훨씬 앞선 연구비 지원 단계에서 이미 이뤄졌어야 했다고 주장했다(그는 이번 연구가 '결코 이뤄져서는 안 되는' 것이었다고 보았다). 특히 에브라이트는 생물안전 같은 중대한 문제가 개별 연구자의 재량에 맡겨져 있는 현실에 한탄하면서, 병원체를 다루는 특정 연구(가령 병원체의 병독성이나 전파력을 증가시키는)에 대해서는 연구가 시작되기 전에 의무적인 사전 검토를 거치도록 시스템을 마련해야 한다고 역설했다.

한참 논쟁이 뜨겁게 달아오르고 있던 2012년 1월 20일에, 원 논문의 저자들인 푸셰와 가와오카를 비롯한 39명의 인플루엔자 연구자들은 《사이언스》와 《네이처》에 편지를 보내 자신들이 생각하는 연구의 의미를 설명하면서, 이 연구가 제기한 기회와 도전에 대해 최선의 해법을 고민할 시간을 가질 수 있도록 60일 동안 관련 연구를 자발적으로 일시중단하겠다고 선언했다(이는 나중에 무기한 연장되었다). 이에 대해 NSABB의 권고안에 대한 찬성 측과 반대 측을 막론하고 많은 과학자들은 이러한 결정이 과학계 내부의 긴장을 완화하고 잠재적 위험을 분명하게 드러내는 데 도움을 줄 것이라며 환영했다. 아울러 인플루엔자 연구자들은 세계보건기구(WHO)가 이 문제를 논의하기 위해 주최할 회의에 참석해 의견을 교환하겠다고 밝혔다.

반전과 재논의,
새로운 결론

이 시점에서 푸셰와 가와오카가 이끄는 두 연구팀의 논문이 축약된 형태로 실리는 것은 불가피해 보였다. 그러나 2012년 2월 이후 일련의 반전을 겪으면서 상황은 의외의 방향으로 흐르기 시작했다. 그 첫 번째 계기는 이 문제를 논의하기 위해 2월 16일과 17일 양일간에 걸쳐 제네바에서 WHO가 개최한 회의에서 비롯되었다. 이 회의에는 11개국에서 모두 22명의 전문가들이 참석했고, 논문의 주요 저자인 푸셰와 가와오카도 참석해 발표할 수 있는 기회를 가졌다. 참석자들은 이틀간 격론을 벌인 끝에 NSABB가 내놓은 입장과 정면으로 배치되는 의외의 결론을 내렸다. 두 편의 논문이 축약된 형태가 아닌, 온전한 형태로 발표될 수 있도록 해야 한다는 것이었다.

그들이 이런 결론을 내리면서 내세운 근거는 두 가지였다. 먼저 NSABB의 권고안을 따르게 되면 학술지에는 축약된 논문을 싣되 이를 필요로 하는 소수의 전문가들에게는 온전한 논문을 배포하는 방법을 마련해야 하는데, 이는 간단한 문제가 아니었다. 아울러 해당 논문들의 내용이 공중보건과 과학 연구에 시사하는 바가 크기 때문에 데이터의 좀 더 폭넓은 공유가 필요하다는 의견이 제기되었다. 특히 최근 야생에서 발견된 H5N1 균주들이 매우 빠른 속도로 변이하고 있어 이에 대한 감시가 시급하다는 주장이 참석자들 사이에서 넓은 공감대를 형성했다.

WHO 회의에 이은 또 한번의 반전은 2월 29일에 미국의 워싱턴 DC에서 열린 미국미생물학회(ASM) 회의에서 있었던 공개 토론 자리에서 일어났다. 이 토론에 참여한 푸셰는 그간 세부내용이 대중에게 공개돼 있지 않았던 자신의 연구에 대해 좀 더 자세하게 설명할 기회를 가졌다. 푸셰는 자신의 연구에 관한 언론보도가 지나치게 과장되고 선정적인 이미지를 전달해 왔다고 비판했다(가령 "이 바이러스가 연구시설에서 일단 빠져나오기만 하면 마치 들불처럼 퍼져나갈 것"이라는 식으로). 푸셰에 따르면, 그의 연구팀이 만든 변형 바이러스는 100퍼센트 전염된 것도 아니었고, 공기전염된 바이러스는 처음 만들어진 바이러스만큼의 전염력을 갖고 있지도 못했다. 다시 말해 대유행이나 계절성 유행을 일으키는 바이러스만큼 전염력이 강하지는 않았다는 것이다.

아울러 푸셰는 인플루엔자에 걸린 실험동물의 치사율에 대해서도 전염 경로에 따라 다른 결과가 나타났다고 밝혔다. 그들이 만든 바이러스를 코에 직접 묻혀준 8마리의 흰담비 중 인플루엔자에 심하게 걸린 것은 1마리뿐이었고 어떤 개체도 죽지는 않았으며, 공기전염으로 옮은 흰담비 중에서는 인플루엔자에 심하게 걸린 개체가 하나도 없었다. 바이러스를 기관지에 직접 주입한 6마리는 모두 죽었지만, 이는 인플루엔자가 전염되는 통상의 경로가 아니라는 점에서 유의성이 떨어진다는 것이 그의 주장이었다.

이처럼 변화한 논의 구도와 새로운 정보는 해당 논문들의 수정본에 대한 NSABB의 재심사를 위한 여건을 마련해주었다. 푸셰와 가와오카는 원래 논문에 새로운 데이터를 추가하고 모호하게 설명된 대목을 보완한 새로운 논문을 제출했고, NSABB는 3월 29일과 30일 양일간 회의를 재소집해 이를 다시 심사했다. 회의에는 푸셰와 가와오카도 참석해 위원들의 질문에 답하는 시간을 가졌다. 18명의 NSABB 위원들은 이틀에 걸친 마라톤 회의 끝에 세부 내용을 삭제한 축약본 논문만을 발표할 수 있게 한 애초의 결정을 뒤집고 온전한 논문을 발표해도 좋다는 새로운 결론에 도달했다. NSABB는 3월 30일에 발표한 성명에서 지난 수 개월간 나타난 새로운 정보들이 위원회의 위험/편익 대차대조표를 바꿔놓았다고 설명했다. 이러한 결정에는 실험실에서 만들어진 바이러스와 그 어느 때보다 더 비슷해 보이는 H5N1 균주가 최근 야생에서 발견되었다는 미발표 연구결과가 큰 영향을 미친 듯 보였다.

NSABB의 결정은 두 편의 논문을 온전한 형태로 발표할 수 있는 길을 열어주었다. 결국 가와오카의 논문이 5월 2일에 온라인으로 《네이처》에 실렸고, 좀 더 논란이 컸던 푸셰의 논문은 그보다 늦은 6월 22일에 《사이언스》에 발표되었다. 논문이 발표되어 연구의 세부 사항이 알려지면서 왜 푸셰의 논문이 가와오카의 논문보다 더 많은 논란을 불러왔고 더 위험한 것으로 간주되었는지도 밝혀졌다. 가와오카는 H5N1 바이러스에서 뽑아낸 H5 유전자와 2009년 이른바 신종플루 대유행을 일으킨 H1N1 바이러스를 실험실에서 짜맞춰 자연적으로 존재하지 않는 잡종 바이러스를 만든 후 이것을 가지고 실험을 시작했다. 반면 푸셰는 인도네시아에서 H5N1으로 사망한 환자에게서 뽑아낸 실제 H5N1 바이러스를 가지고 실험을 시작해 호흡기를 통해 전염되는 변형 바이러스를 만들어냈고, 그런 점에서 현실 속에서 일어날 수 있는 위험에 좀 더 가까운 시나리오를 제시해주었다.

H5N1 논쟁이 빚어낸 변화

2012년을 거치며 각국 정부가 관련 연구에 대한 규제 지침 마련에 나서고, 2013년 1월 31일에는 일시중단에 서명했던 39명의 인플루엔자 연구자들이 1년여 만에 연구 재개를 선언함으로써 변형 H5N1 바이러스 연구와 관련된 논쟁의 주요 국면은 일단락되었다. 그러나 이 논쟁은 일회성 사건으로 그치지 않고 이후의 공중보건과 과학 연구에 영향을 미치게 될 중요한 변화들을 낳았다.

먼저 전 세계적인 인플루엔자 대유행에 대한 대비가 그야말로 형편없는 수준이라는 '불편한 진실'이 이번 사건을 계기로 새롭게 주목받게 되었다. 가령 2010년에 전 세계적으로 사육되고 있는 가금류는 대략 210억 마리에 달했음에도 불구하고 그 한 해 동안 수집된 인플루엔자 바이러스는 대략 400개체에서 얻은 1,000개의 염기서 열뿐이었고, 수억 마리의 닭, 오리, 돼지를 사육하고 있는 많은 국가들이 이에 거의 혹은 전혀 기여하지 않았다. 뿐만 아니라 이러한 모니터링은 대부분 질병 유행에 따른 일시적 활동으로 그쳐 지속적인 감시가 거의 이뤄지지 않고 있다. 이러한 시기적, 지역적 불균형에는 가난한 나라들의 어려운 속사정이 원인으로 작용하고 있는데, 가령 이집트 같은 국가에서는 재원 부족으로 인해 고병원성 조류인플루엔자로 확인될 경우에도 농부들에게 거의 보상을 해주지 못함으로써 질병 발생 사실을 당국에 신고할 유인도 없으며 살처분도 제대로 이뤄지지 않고 있음이 드러났다.

이 때문에 현재의 인플루엔자 감시 체계는 질병의 위협을 사전에 추적하는 것은 고사하고 이를 사후적으로 파악해 내지도 못하고 있다. 일례로 2009년 신종플루 유행 당시, 대유행을 일으킨 H1N1 바이러스가 여러 해 동안 전 세계의 돼지들 사이에서 이동하고 있었고 멕시코에서는 이미 여러 달 동안 사람들을 감염시키고 있었음에도 불구하고, 과학계와 보건 당국은 이런 사실을 전혀 감지해 내지 못했다. 이는 앞으로 H5N1(혹은 그 외의 어떠한 균주라도)으로 인한 치명적인 대유행이 발생할 경우 이를 조기에 탐지할 가능성이 희박함을 시사하며, H5N1 바이러스의 공기 전염력 획득에 관한 기초 연구와는 별개로 전 세계적 인플루엔자 감시 체계의 대대적인 강화가 필요함을 말해준다. 이와 같은 결론은 변형 H5N1 바이러스 연구가 계속되어야 할 중요한 정당화 근거 중 하나를 잠식하는 것이기도 하다.

논쟁 이후 나타난 또 다른 변화는 변형 H5N1 바이러스의 기능강화(gain-of-function)처럼 좋게도 나쁘게도 쓰일 수 있는 연구의 경우 사전 검토를 의무화하는 정부 정책이 처음으로 마련되었다는 데 있다. 푸셰와 가와오카의 논문에 대한 NSABB의 재심사가 한창 진행 중이던 2012년 3월 29일에, 미국 정부는 모든 연방 연구기구들이 따라야 하는 새로운 정책을 발표했다. 이에 따르면 15가지 고위험 병원체 중 하나를 다루면서 악용될 위험을 내포하고 있는 연구는 연방 연구기구의 사전 검토를 반드시 거쳐야 한다. 사전 검토 결과 위험한 것으로 판단된 연구에 대해서는 연구 내용의 수정, 생물보안 및 생물안전 예방조치 강화, 연구결과의 발표 방식 변경 등과 같은 위험 경감 조치를 취할 수 있으며, 이러한 위험 경감 조치를 통해서도 연구의 심각한 위험을 배제할 수 없다고 판단될 경우 연구결과의 자발적 축소 발표, 기밀 분류, 연구비 회수 내지 지급 중단 등의 조치를 취할 수 있게 했다.

아울러 2013년 3월에는 미국 보건복지부(HHS)가 H5N1 바이러스의 기능강화 연구에 적용할 새로운 지침을 발표했다. 이에 따르면 H5N1 바이러스의 기능강화 연구를 위해 HHS에 연구비를 신청하는 연구자는 지침에서 정한 일곱 가지 기준(공중보건에 중대한 함의를 갖는 문제를 다뤄야 하고, 위험성이 덜한 다른 대안적 방법이 존재하지 않아야 하며, 생물안전 및 생물보안상의 위험을 충분히 감소시킬 수 있어야 하고, 그렇게 만들어진 바이러스가 자연적 진화 과정을 통해서도 만들어질 수 있음을 보여야 하는 등)을 충족시켜야 하며 그렇지 못할 경우 HHS 의 지원을 받지 못하게 된다. 이러한 지침의 제정은 연구의 자유나 위험한 연구에 대한 규제라는 측면에서 대단히 중대한 함의를 갖는 변화이며, 앞으로의 과학 연구에도 상당한 영향을 미칠 것으로 보인 다.◆

논쟁이 던지는
함의

마지막으로 이번 논쟁의 진행 과 정을 돌이켜보며 앞으로의 전망과 관련해 생각해볼 점들을 몇 가지 짚어보도록 하겠다. 먼저 변형 H5N1 바이러스 연구처럼 좋게도 나

◆　　　이 글의 초고가 완성된 2014년 여름 이후의 사건 추이는 이 논쟁이 여전히 현재 진행 중임을 보여준다. 2014년 10월 미국 백악관 과학기술정책국(OSTP)은 병원체를 더욱 치 명적으로 혹은 전염성이 강하게 만드는 기능강화 연구에 대한 지원 중단을 선언하면서, 연구자 들에 대해 인플루엔자, 사스(SARS), 메르스(MERS) 병원체의 기능강화 연구를 위험성 평가가 끝나기 전까지 중단해줄 것을 요청했다. OSTP가 이러한 결정을 내리기 된 배경에는 2014년 3 월과 6월에 미국질병통제예방센터(CDC)에서 연구자들이 탄저균에 노출되고 H5N1 바이러스 가 실수로 유출된 사고가 있었던 것으로 알려졌다. 당초 위험성 평가는 1년이 걸릴 것으로 예상 되었으나, 논의가 예상보다 길어지면서 OSTP의 지원중단 및 연구중단 요청은 2017년 초 현재 까지 여전히 발효 중이다.

쁘게도 쓰일 수 있는 연구들이 갖는 특징에 대해 생각해보자. 앞서 적은 것처럼, 이와 같은 연구는 인류에게 이득과 위험 양쪽 방향 모두로 작용하지만, 그러한 이득과 위험이 모두 잠재적이고 불확실하다는 점에서 골치 아픈 딜레마를 제기한다. 다시 말해 야생의 바이러스에 대한 모니터링을 통해 앞으로의 대유행을 확실히 막을 수 있다는 보장도 없고, 테러리스트 집단의 연구 악용이나 연구시설에서 바이러스가 유출되는 불의의 사고가 반드시 일어난다는 보장도 없다는 것이다. 이 때문에 위험과 편익을 대비해 연구의 지속 여부를 결정하려는 그 어떤 시도도 가상의 이득과 위험을 판단해야 하는 난관에 봉착할 수밖에 없다.

그보다 더 골치 아픈 문제는 앞으로 일어날 연구의 심화와 확산이 이득과 위험 양쪽 모두를 크게 높이게 된다는 것이다. 가령 H5N1 연구가 더 폭넓게, 더 많은 실험실들에서 이뤄지면 과학계와 공중보건계가 얻을 수 있는 이득은 분명 늘어날 것이다. 수많은 연구팀이 경쟁적으로 연구하면서 H5N1 바이러스가 공기 전염력을 갖게 하는 돌연변이들을 더 많이 찾아낼 수 있을 것이고, 야생의 바이러스를 수집하고 모니터링하는 작업도 좀 더 활기를 띨 것이기 때문이다. 그러나 이렇게 될 경우 이 연구에 얽힌 위험 역시 통제 불가능한 지경까지 커질 수 있다. 현재 H5N1 바이러스 연구는 대부분 선진국에 있는 생물안전 등급이 높은 실험실에서 이뤄지고 있고, 이러한 연구시설들은 물리적 배치, 연구인력에 대한 훈련, 지침 준수를 위한 노력 등의 측면에서 매우 엄격하게 관리되고 있다. 그러나 연구가 더 많은 실험실로 확산되고 그중 상당수가 개발도상국에 위치하게 되면 이러한 조건이 계속 충족되기는 점점 어려워지며, 부주의나 고의에 의한 바이러스 유출과 같은 사고가 일어날 가능성도 훨씬 커진다.

이 문제는 과연 이러한 연구와 실험을 계속해야만 하는가라는 좀 더 본질적인 질문으로 곧장 이어진다. 가령 2012년 1월에 연구 일시 중단에 서명했던 39명의 인플루엔자 연구자 중 한 사람인 일라리아 카푸아는 "만약 우리가 이 주제에 관한 연구를 계속 지원하기로 결정해서 20년 후에 그런 바이러스를 다루는 실험실이 200개로 늘어난다면 어떤 일이 생길까요?"라고 묻고 있다. 그런 실험실들 중 일부는 매우 가난한 나라들에 위치하게 될 것이고, 다른 일부는 정치적으로 불안정한 지역에 위치하게 될지도 모른다. 그런 상황에서 "이런 바이러스들을 더 위험하게, 또 더 전염이 잘 되게 만드는 연구를 계속할 필요가 있을까요?"

이번 논쟁 과정에서 생각해볼 또 하나의 지점은 과학 연구자들과 일반대중의 심대한 인식상의 괴리이다. 대중매체를 통해 이번 사건을 접한 일반인들은 아마 애초에 그런 무시무시한 바이러스를 실험실에서 만들자는 '정신나간' 생각을 과학자들이 왜 하게 됐는지부터 궁금해할 것이고, 마치 테크노스릴러 소설이나 디스토피아 SF영화의 한 장면을 보는 듯한 착각에 빠질지도 모른다. 국내에서 초기에 이 문제를 다룬 MBC 뉴스데스크의 보도 역시 그런 뉘앙스를 강하게 풍겼고, "새로운 바이러스를 당장 폐기하든가 그러기 싫다면 정부가 통제하는 생물안전 최고 등급 실험실에 집어넣어야 한다"는 강한 주장을 담은 《뉴욕타임스》의 사설("인간이 만들어낸 파멸의 날"이라는 제목이 붙은) 역시 마찬가지였다. 두 연구팀의 논문이 온전하게 발표될 수 있도록 길을 열어 준 2월 16~17일의 WHO 회의를 다룬 《뉴욕타임스》의 인터넷판 기사에는 150개가 넘는 댓글이 달렸는데, 그중 상당수는 과학계와 정부에 대한 비판적 시각을 드러내면서 윤리와 위험의 문제를 제기하는 것들이었고, '휘발유 웅덩이 속에서 성냥으로 장난을 치는 원숭이'처럼 다분히 상투적인 '미친 과학자'의 이미지에 호소한 댓글도 곧잘 찾아볼 수 있었다.

반면 연구자들의 경우, 앞서 본 것처럼 변형 H5N1 바이러스 연구의 위험성과 윤리성에 대해 대단히 예민하게 반응한 과학자들도 물론 있었지만, (푸셰와 가와오카를 비롯한) 상당수의 과학자들은 자신들의 연구가 이처럼 격렬한 대중적 반응을 불러왔다는 사실에 대체로 놀랐다는 태도를 보였다. 이는 푸셰와 가와오카 연구팀의 일원으로 실제 연구를 수행했던 젊은 연구자들(박사후 연구원과 박사과정 학생들)에 대한 인터뷰에서도 엿볼 수 있다. 그들은 변형 H5N1 바이러스 연구가 《사이언스》나 《네이처》 같은 일급 학술지에 실려 자신

들의 경력을 한 단계 끌어올릴 수 있는 '대박 연구'가 될 거라는 기
대를 품고 연구를 진행했고, 애초 기대했던 결과(공기 전염력을 가진
H5N1 바이러스의 제작)를 얻어내자 기쁨과 흥분의 도가니에 빠져들
었다. 그들은 연구 수행 과정에서 자신들의 연구가 그토록 열띤 국
제적 논란을 불러일으킬 거라고는 한 번도 생각해보지 않았고, 논문
을 어떻게 발표할 것인가를 놓고 해당 연구자, 학술지, 규제당국 사
이에 줄다리기가 진행되던 기간 내내 초조함을 감추지 못했다.

　이러한 연구자들의 일상적이고 의례적인 태도는 앞서 언급한 언
론과 일반대중의 태도와 크게 대비를 이룬다. 이를 통해 연구자들과
일반대중의 존재 기반과 일차적 관심사가 서로 다를 뿐 아니라, 두
집단이 서로 다른 문화적 자원들을 활용해 문제를 바라본다는 사실
을 알 수 있다. 과연 이러한 괴리는 어떻게 극복할 수 있을까? 직업
적 성공을 쫓으면서 연구의 일상 속에 매몰돼 이를 조망하는 윤리적
시각을 갖기 어려운 과학자들과 평상시에는 과학에 관심을 거의 두
지 않다가 이처럼 극적인 사건이 터졌을 때 다분히 상투적인 이미지
에 입각해 과학 활동을 비판하는 일반대중 사이에서 접점은 어디쯤
존재할까? 이는 이번 논쟁이 던져준 또 하나의 숙제일 것이다.

GM 식품,
먹고 안 먹고의 일차원적 질문에서 벗어난다면?
- 유전자 변형 식품 논쟁

김병수

김병수

대학에서 생명공학과 과학기술학을 공부했다. 참
여연대 시민과학센터 간사, 국가생명윤리심의위
원회 유전자전문위원을 지냈으며 현재는 동국대
학교 강의교수로 있으면서 시민과학센터 부소장,
건강과 대안 연구위원으로 활동하고 있다. 지은
책으로 『한국 생명공학 논쟁』, 『시민의 과학』(공
저), 『침묵과 열광: 황우석 사태 7년의 기록』(공
저), 옮긴 책으로 『인체 시장』(공역), 『시민과학』
(공역) 등이 있다.

GM 식품이 처음으로 등장한 것은 20년 전이다. 1994년 칼진 사가 유전자 조작된 무르지 않는 토마토를 출시했으나, 제품 자체의 문제와 소비자의 외면으로 성공하지 못하고 시장에서 사라졌다. 상업적으로 성공한 최초의 GM 작물은 1996년에는 몬산토 사가 출시한 라운드업 레디(Roundup Ready) 콩인데 자사가 판매하는 제초제 라운드업에 내성을 갖도록 형질을 전환한 것이다.

　GM 작물이 시장에 본격적으로 나올 무렵 GM 작물 옹호자들은 GM 작물의 확산이 굶주림과 환경 문제를 해결하는 데 기여할 것이라고 주장했다. 우수한 형질과 척박한 환경에서 자랄 수 있는 작물의 개발은 생산량 증대로 이어져 기아 해결에 도움을 줄 수 있다는 것이다. 또한 제초제 저항성 작물이나 살충 성분을 가진 작물의 확산으로 제초제와 살충제의 사용량을 줄여 환경 문제에도 기여할 수 있다고 주장했다. 그런데 기아는 생산량의 부족 때문이 아니라 접근권 같은 정치 사회적인 문제♦라는 연구 결과와 인식이 확산되면서 현재는 하나의 판매 전략으로 받아들여지고 있다. GM 작물의 환경 위해성에 대해서도 논란이 많은데, GM 작물의 확산이 오히려 농약 사용량을 증가시켰고, 제초제와 살충제에 죽지 않는 슈퍼 잡초와 슈퍼 곤충의 출현을 촉진하고 있다는 주장도 점차 힘을 얻고 있다. 이 글에서는 GM 작물을 둘러싼 여러 쟁점 중에서 인체 및 환경 위해성과 표시제 그리고 최근 시장 진출을 시도하고 있는 GM 어류에 대해서 살펴본다.

GM 식품의
안전성

1996년 상업 재배가 시작될 당시 GM 콩과 옥수수는 각각 50만, 30만 헥타르였는데 2012년도에는 8,000만과 5,500만 헥타르로 그 재배 면적이 크게 증가하였다. 2012년 현재 전 세계에서 생산되는 콩의 81퍼센트, 목화의 81퍼센트, 옥

♦   이에 대해서는 프랜시스 라페, 『굶주리는 세계』(허남혁 옮김, 창비, 2003)와 장 지글러, 『왜 세계의 절반은 굶주리는가?』(유영미 옮김, 갈라파고스, 2007)를 참고할 것.

수수의 35퍼센트, 카놀라의 31퍼센트가 GM 작물이다. 우리 주변에서도 GM 작물을 원료로 하는 식품들을 쉽게 찾아볼 수 있다. 2012년까지 옥수수, 콩, 면화, 감자, 카놀라 등 7개 작물과 1개 미생물 총 82건의 수입 GMO를 식품용으로 승인했다. 승인 건수는 세계 5위, 수입량으로 세계 2위로, 식용 콩의 75퍼센트, 옥수수의 45퍼센트가 GM 식품이다. 이들은 두부와 식용유와 같은 1차 가공 식품뿐만 아니라 콩과 옥수수 성분이 들어간 다양한 식품에 포함되어 있다.

이렇게 주변에서 쉽게 접할 수 있는 GM 식품의 안전성은 제대로 검증된 것일까? GM 작물 옹호론자들은 경작지의 꾸준한 증가와 지난 20년 동안의 섭취 경험이 GM 작물의 안전성을 보여주는 것이라고 주장한다. 우선 상업적 재배 면적의 증가를 살펴보자. GM 작물은 23개국에서 재배되는 것으로 알려지고 있지만 실제로는 미국, 캐나다, 아르헨티나, 브라질, 인도, 중국 6개국이 전체 재배 면적의 95퍼센트를 차지하고 있다. 재배 면적이 감소하고 있다는 보고도 있다. 유럽에서는 구 동구권의 일부 국가와 스페인에서 옥수수와 감자 각각 한 종씩 상업적 재배가 이루어지고 있는데, 2008~2010년 사이 재배 면적이 23퍼센트 감소했다.◆◆ 전 세계 전체 농업 경작지에서 GM 작물이 차지하는 비율도 2.7퍼센트로 극히 적다. 품목도 쌀이나

◆◆   Friends of the Earth International, "Who benefits from GM crops?", 2011.

| GM 식품, 먹고 안 먹고의 일차원적 질문에서 벗어난다면? |

농촌진흥청이 2016년 9월 5일 농진청 산하 국립농업과
학원 온실에서 취재진에 가뭄에 강한 유전자 변형 벼를
공개하고 있다.

밀과 같은 동서양의 주식이 아닌 콩, 옥수수, 면화, 카놀라로 제한적이며 GM 작물은 식용 이외에 동물 사료와 바이오 연료로도 많이 사용된다. 유전자 조작된 형질도 제한적인데 상업 재배되고 있는 GM 작물의 99퍼센트가 제초제와 해충에 저항성을 가진 것이다.

여태까지 먹었는데 큰 탈이 없었다는 주장도 따져볼 필요가 있다. 과학적 근거도 없을뿐더러 비판자들이 우려하는 인체 위해성은 먹은 후 바로 병원에 실려 가는 응급 상황이나 희귀한 질병의 발병만을 의미하는 것이 아니다. 비판자들은 GM 식품이 크게 세 가지 경로를 통해 인체에 영향을 미칠 수 있다고 주장한다. 첫 번째는 살충 성분을 가진 Bt 독소처럼 삽입된 유전자 산물 자체가 독성이나 알레르기를 유발할 수 있다는 것이다. 두 번째는 유전자 조작 과정에서 작물의 유전자 조절 또는 생물학적 구조 및 기능에 영향을 받아서 사람에게 알레르기를 유발할 가능성이다. 세 번째는 제초제 저항성 작물의 확산으로 잔류 농약이 증가하게 되어 생기는 부작용이다.◆ 그런데 이러한 영향을 과학적으로 평가하기는 쉽지 않다. GM 식품을 분리 유통해서 특정 인구 집단을 상대로 장기간의 역학 조사를 실시해야 하는데 이는 꽤 어려운 작업이다. 알레르기 유발 가능성을

◆　　　　Michael Antoniou, M. et al., "GMO Myths and Truths: An evidence-based examination of the claims made for the safety and efficacy of genetically modified crops", earthopensource, 2012.

검사하기 위한 여러 방법들에 대한 이견도 많으며 연구 결과에 대한 불확실성도 존재한다.

동물 실험에서 GM 식품이 위해할 수 있다는 연구들이 1990년 말부터 최근까지 꾸준히 발표되고 있다. 가장 잘 알려진 사건은 1998년 영국에서 터진 푸스타이 사건이다. 로웨트 연구소의 생화학자 아파드 푸스타이(Arpad Pusztai) 박사는 TV 다큐멘터리 프로그램에 출연해 어린 쥐에게 GM 감자를 먹였더니 면역 반응이 저하되고 성장과 발달에 문제가 생겼다고 주장해 큰 파장을 일으켰다. 이후 연구소 측이 푸스타이 박사의 데이터에 오류가 있다고 발표하고 정직 처분을 내리자 논란은 더욱 확산되었다. 비판자들은 인체 위해성 증거가 나왔다며 GM 식품 섭취를 일시 중단할 것을 요구하였다. 반면 주류 농업생명공학자들은 실험의 문제점을 제기하며 비판했고 영국 왕립학회도 푸스타이 박사의 주장에 대해서 비판적인 입장을 내놓았다. 이런 논란에도 불구하고 푸스타이 박사가 수행한 연구의 일부는 1999년 의학 분야의 저명 학술지인 《랜싯(lancet)》에 실렸다. 논문 게재 이후 옹호론자들은 학술적 가치는 없지만 논쟁을 위해 게재된 것이라고 의미를 깎아 내렸지만 이는 사실이 아닌 것으로 밝혀졌다. 당시 《랜싯》 사설에는 논문으로 발표되기 이전에 언론에 연구를 발표한 푸스타이 박사뿐만 아니라 연구 평가 기관도 아니면서 개입한 왕립학회도 비판한 바 있다. 이 과정에서 푸스타이 박사는 연구소를 떠났으며 연구팀은 해체되었고, 자료도 폐기되었다. EU는 이 사건 이후 일시적으로 GMO 모라토리엄을 선언하기도 했다.

　가장 최근의 논란은 프랑스 칸 대학의 세라리니(Gilles-Eric Seralini) 박사팀의 연구 결과이다. 세라니니 박사팀은 몬산토 사의 라운드업 제초제와 여기에 내성을 가진 유전자 조작 옥수수(NK603)를 2년간 쥐에게 먹인 결과를 《식품 및 화학 독성학(Food and Chemical Toxicology)》지에 발표했다. 결과는 충격적이었는데, GM 옥수수와 라운드업을 투여한 암컷 쥐들은 대조군에 비해 2~3배나 더 빨리 그리고 많이 죽었다. 암컷 쥐들에게서는 유선 종양이 관찰되었으며 뇌하수체 이상 증상이 발견되었다. 수컷 쥐들에게도 문제가 생겼는데 대조군보다 신장 질환이 1.3~2.3배 더 많이 나타났다. 연구팀은 이러한 결과가 이미 독성이 밝혀진 제초제인 라운드업뿐만 아니라, GM 옥수수에 삽입된 유전자의 과도한 발현이 원인일 수 있다고 해석했다. 참고로 몬산토의 NK603은 국내에서 2002년부터 식용으로, 2004년부터는 사료용으로 승인되어 꾸준히 수입되고 있는 옥수수이다. 이 논문의 가장 큰 의의는 2년간의 장기간의 독성 관찰 결과라는 데 있다. 이전 동일한 학술지에 실렸던 몬산토 측 논문의 연구 기간은 60일이었다. 논문이 공개되자 다국적 기업들과 농업생명공학자들이 크게 반발했다. 이들은 논문이 실린 학술지의 권위, 사용된 쥐, 실험 방법 및 설계, 통계 수치, 세라리니 박사의 전공 및 반GMO 성향 등을 지적하며 공격했다.♦ 이에 대한 세라리니 박사팀의 반박과 재반박이 오가는 사이 최근《식품 및 화학 독성학》지가 세라리니 박사팀의 논문을 철회하면서 논쟁은 더 커지고 있다. 과학계에서 이미 동료 심사를 거쳐 출판된 논문이 부정 행위가 드러나지 않은 상황에서 철회된 것은 매우 이례적인 일이기 때문이다. GMO 비판자들은 몬산토에 근무했던 연구자가 이 학술지의 편집진에 합류하면서 벌어진 일이라며 분노하고 있다. 전 프랑스 환경장관이었고 현재 유럽의회 회원인 코린 르파주(Corinne Lepage)는 세라리니의 논문은 GMO와 라운드업 제초제의 장기 독성에 대해 좋은 의문을 제기했으며 논문이 철회되었어도 이런 의문들이 사라지지 않을 것이라고 말했다.♦♦ 현재까지 발표된 동물을 대상으로 한 연구들은 대부분 다른 연구자들에 의해서 그대로 재연되지도 않았지만 그렇다고 틀렸다고 확실히 반박되지도 않았다. 그럼에도 불구하고 인체 위해성 실험을 진행했던 연구자들은 주류 농업생명과학자나 기업과학자들로부터 비판은 물론이고 모욕적인 인신공격까지 받고 있다.

♦   박상표,「몬산토는 독극물을 판매하는 죽음의 상인인가, 기아로부터 인류를 해방할 구세주인가?」, 세라리니 박사팀의 최근 장기 독성 연구 결과에 대한 과학적 논란, 건강과 대안 오픈 세미나, 2013.
♦♦   Casassus, B., "Study linking GM maize to rat tumours is retracted," Nature News, 2013.

유전자 오염의
확산

인체 위해성 논란과 달리 GM 작물의 확대가 환경에 좋지 않은 영향을 미치고 있다는 사실은 어느 정도 인정받고 있다. GM 작물 옹호론자들은 제초제 내성 작물과 해충 저항성 작물의 확산으로 맹독성 제초제인 라운드업이나 살충제의 사용량이 줄어들 것이라고 주장했다. 반면에 비판자들은 제초제와 살충 성분에 저항을 가진 '슈퍼 잡초'와 '슈퍼 곤충'의 출현으로 농약 사용량이 줄지 않을 것이라고 우려했다.

지난 20여 년 동안 GM 작물들은 잡초와 작물을 따로 구분해서 라운드업과 같은 제초제를 살포해야 하는 번거로운 작업이 필요 없는 편리함으로 인해서 농가에 빠르게 확산되었다. 그런데 제초제에 내성을 가진 슈퍼 잡초도 함께 증가하고 있다. 1996년 처음 발견된 라운드업 내성 잡초는 미국과 남미를 비롯해 GM 작물이 확산되는 곳을 따라 빠르게 퍼져나가고 있다. 이로 인해서 제초제 사용량을 늘리거나 독성이 더 강한 제초제를 뿌려야 하는 상황이 벌어지고 있다. 미생물인 Bt에서 독소를 생산하는 유전자를 삽입해 만든 해충 저항성 작물도 마찬가지다. 이 작물에도 죽지 않는 슈퍼 해충의 출현을 막기 위해서 경작지 일부에 일반 작물을 심어 해충들의 피난처를 만드는 전략을 쓰고 있지만 큰 효과가 없는 것으로 드러나고 있다.◆ 해충 저항성 작물의 다른 문제는 토양 속의 유용한 박테리아나 유익한 곤충들에게도 영향을 준다는 점이다. Bt 작물은 뿌리 주변에서 영향을 섭취하고 질병에 저항할 수 있도록 도움을 주는 균근 곰팡이(mycorrhizal fungi)와 같은 유익한 토양 곰팡이를 감소시킨다. 나아가 Bt 옥수수가 생산하는 독소는 해충뿐만 아니라 나비, 무당벌레, 풀잠자리, 벌과 같은 유익한 곤충에게도 악영향을 미치는 것으로 드러나고 있다.

GM 작물의 환경 위해성 논란에서 가장 현실적이고 심각한 문제는 유전자 오염이다. 유전자 오염이란 GM 작물이 재배지를 탈출해 일반 경작지에서 자라거나 허가받지 않은 GM 작물이 식품 공급 시스템에 들어가는 것을 말한다. 2002년 미국에서는 돼지 백신 생산용 옥수수가 식용 대두 품종을 오염시켜 개발사인 플로디진이 25만 달러의 벌금을 물고 대두를 회수 파기하였다. 2006년에는 해충 저항성 옥수수인 Bt10이 식용으로 유통되어 신젠타가 150만 달러의 벌금을 문 바 있다. 2011년에는 식용으로 허가받지 않은 해충 저항성 쌀인 Bt63이 중국, 독일, 스웨덴에서 쌀국수와 이유식에서 발견되어 파장을 일으켰다. GM 작물과 일반 작물은 겉보기에는 비슷해서 육안으

◆　　　Gassmann AJ, Petzold-Maxwell JL, Keweshan RS, Dunbar MW., "Field-evolved resistance to Bt maize by Western corn rootworm," PLoS ONE. 2011; 6(7): e22629.

로 확인하기 쉽지 않다. 유기농 옥수수 밭에 이웃에서 날아온 유전자 조작 옥수수가 자라고 있을 수 있는 것이다. GM 작물의 경작지 탈출과 비의도적 오염을 막기는 사실상 불가능하다.

유전자 오염 문제는 국내에서도 현실화되고 있다. 2009년부터 2012년까지 국립환경과학원의 조사 결과 47개 지역에서 GM 작물이 검출되었다. 전국 22개 시군에서 발견되었는데, 평택과 원주시 등 8개 시군은 2개 지역 이상에서 GM 작물이 발견되었다. 작물별로 보면 옥수수 28개, 유채 6개, 면화 12개, 콩이 1개 지역이다. 주로 사료 공장이나 운송로 근처 그리고 축산 농가 주변에서 발견되었다.[**] GM 작물의 상업적 재배가 금지된 우리나라 이곳저곳에서 GM 작물이 자라고 있는 것이다.

GM 연어의 등장

GM 작물에 대한 논쟁이 여전한 가운데 최근 외국에서는 GM 동물의 환경 방출 및 상업화에 대한 논쟁이 한창이다. GMO 찬반 양측 모두가 주목하고 있는 대상은 아쿠

[**] 최희락 외, 「LMO 자연환경모니터링 및 사후관리 연구(IV)」, 국립환경과학원, 2012.

아바운티(AquaBounty) 사가 개발한 일반 연어보다 성장 속도가 두 배나 빠른 유전자 조작 대서양 연어이다. 만약 이 연어가 미 FDA의 승인을 받는다면 식용으로 판매되는 세계 최초의 GM 어류가 된다.

전 세계적으로 수산물에 대한 소비는 증가하는 반면 어획량은 감소하면서 양식에 대한 의존도가 갈수록 증가하고 있다. 그런데 양식장의 확장에는 한계가 있고 여기서 자라는 어류들은 성장이 느리며 각종 질병에도 취약하다. 이러한 상황을 극복하기 위해 성장이 빠르거나 질병에 저항성을 가진 GM 어류가 1980년대 말부터 속속 개발되고 있다. 이미 연어, 농어, 틸라피아, 송어, 미꾸라지, 잉어 등 35종 이상의 GM 어류가 개발되었다. 어류는 난자가 크고 치어를 대량으로 생산할 수 있어서 다른 동물에 비해 유전자 조작도 용이하다.

GM 어류에 대한 가장 큰 우려는 생물 다양성 파괴와 생태계 교란이다.◆ GM 어류가 자연종과 교배하여 자연종이 감소하는 종 다양성의 파괴를 예상할 수 있다. 성장이 빠른 GM 어류는 먹이와 번식지를 독차지할 가능성이 높아 자연종의 생존을 어렵게 할 것으로 보인다. 생태계 교란도 우려되는데 외래종의 출현으로 먹이사슬이 교란되고 지역 생태계가 파괴될 수 있다. 또한 특정 질병에 저항성을

◆　김봉태, 「유전자 변형 수산식품의 위해성 논란과 대응 방향」, 한국해양수산개발원, 2003.

갖는 유전자로 인해 새로운 질병이 출현할 가능성도 배제할 수 없다. 어류는 물속에서 서식하고 치어가 작기 때문에 관리가 쉽지 않으며 활동 범위도 넓은 특징을 가진다. 특히 환경 위해는 초기 단계에서는 확인이 어렵고 나중에 밝혀지는 경우가 많은데 영향이 드러날 때에는 원상태로 회복하기가 쉽지 않다.

현재 FDA의 승인을 기다리는 아쿠아바운틴 사의 GM 대서양 연어는 최초의 식용 GM 어류라는 점에서 소비자, 환경 단체들이 크게 반발하고 있으며 주류 과학자들 사이에서도 찬반이 엇갈리고 있다. 이 회사는 환경 위해성 논란을 최소화하기 위해서 GM 연어를 캐나다에서 생산한 후 파나마의 내륙으로 옮겨와 양식 및 가공하고 다시 미국에서 판매하는 다소 복잡한 생산 절차를 계획하고 있다. 여기에 더해 여러 종류의 탈출 방지 시설을 설치하고 GM 연어를 불임시켜 설령 자연에 방출되더라도 자연종과의 교배가 힘들게 만들었다.

1989년 개발이 완료된 이 연어는 1995년에 FDA에 승인을 요청했는데 2010년이 돼서야 본격적인 심사 움직임이 시작되었다. FDA는 2012년에 환경 영향 평가를 발표했고, 2013년 초반에는 대중 자문까지 완료하였다. GM 연어의 승인이 임박해지자 미국 내 소비자 단체들의 반대 움직임도 활발해지고 있다. 현재까지 약 200만 명의 소비자, 과학자, 어업 종사자 등이 FDA에 반대 의견을 보냈고 22개 동물 보호 단체들도 공동 서한을 보냈다. 12명의 상원의원과 21명의

하원의원도 FDA에 서한을 보내 우려가 해소될 때까지 승인 보류를 요청했다. 미국 내 60개의 슈퍼마켓 체인 약 9,000개 매장은 설령 승인이 나더라도 이 연어를 판매하지 않겠다고 선언했다. 최근에는 미국 최대의 슈퍼마켓 체인인 크로거(Kroger)와 세이프웨이(Safeway)가 판매 거부에 동참해 반대 운동에 힘을 실어주고 있다.

환경 소비자 단체들의 우려는 크게 세 가지이다.◆ 첫째는 생태계를 교란할 가능성이다. 개발사의 주장과 달리 시판 후 야생 연어가 감소하고 생태계가 교란될 것이라고 전망한다. 시판될 연어는 불임된 암컷이지만 100퍼센트 불임 처리는 기술적으로 불가능해 자연종과 교배할 수 있다는 것이다. 실제로 이 회사는 FDA에 95퍼센트만을 불임 처리하겠다고 밝힌 바 있다. 빠르게 성장하기 위해서는 많은 양의 먹이가 필요하기 때문에 GM 연어는 야생종에 비해 공격적이다. 두 번째는 인체에 위해할 수 있고 영양도 떨어진다는 것이다. 유전자 조작 식품의 인체 안전성은 아직 명확히 증명되지 않아 사람에 따라서는 이 연어를 먹고 알레르기 반응을 보일 수 있다는 것이다. 성장이 빠른 GM 연어는 인슐린유사성장인자(IGF-1, Insulin like growth factor-1)의 함유량이 높은데 이 호르몬은 유방암, 대장암, 전

◆   Food & Water Watch, GE Salmon Will Not Feed the World, 2010. Friends of the Earth, Genetically engineered fish, 2013. The Center Food Safety, Genetically Engineered Salmon: The Next Generation of Industrial Aquaculture, 2013.

립선암과 관련이 있다는 보고가 있다.◆◆

영양학적인 측면에서도 별 이득이 없는데 GM 연어는 일반 연어에 비해 오메가3가 65.4퍼센트 적고 지방은 57.8퍼센트나 많다. 비타민, 필수 아미노산도 일반 연어보다 적다. 세 번째는 미국의 규제 시스템이 GM 어류를 제대로 평가하기에는 부족하다고 비판하고 있다. FDA는 GM 동물을 평가하기 위한 적절한 기준을 가지고 있지 못해 이 연어를 동물 신약(New Animal Drug Application)으로 분류해 평가하고 있으나 살아 있는 생명체를 평가하기엔 적절하지 않다는 것이 반대론자들의 주장이다. 심사도 제조사가 제출한 내용에 기초해서 이루어지고 있으며 분석 대상 연어도 6~12마리로 그 수가 매우 적다. 그리고 FDA의 승인 절차에는 GM 연어의 확산이 사회 경제 문화적으로 어떤 영향을 가져올지에 대한 검토가 빠져 있다고 주장한다. 사실 GMO 의무 표시제가 없는 미국에서는 GM 연어 토막이 일반 연어와 섞여 팔려도 소비자들은 알 수가 없는 실정이다.

◆◆   Yu H. and T. Rohan. "Role of the Insulin-Like Growth Factor Family in Cancer Development and Progression." *Journal of the National Cancer Institute*, vol. 92, iss. 18. September 20, 2000; Moschos, S. and C. Mantzoros. "The Role of the IGF System in Cancer: From Basic to Clinical Studies and Clinical Applications." *Oncology*, vol. 63 iss. 4. November 4, 2002.

서울 여의도 국회 앞 기자회견에서 'GMO 완전 표시제' 실현을 주장하는 유전자조작식품(GMO) 반대 생명운동 연대 회원들의 모습(2014년 4월).

부실한
표시제

　　　　　　　　　시민들의 관심이 높은 GM 식품
의 안전성에 대한 논란은 앞으로도 꽤 오랜 시간 지속될 것으로 보
인다. GMO 옹호자들은 위험하다는 결정적인 증거가 나오지 않는
한 안전하다고 주장할 것이고 우려하는 시민들은 인체에 안전하다
는 결과가 없는 한 잠재적으로 위험한 식품으로 취급할 것이기 때문
이다. 앞에서 지적한 것처럼 GM 식품을 장기간 섭취했을 경우 인체
에 어떤 결과를 초래하는지에 대한 연구는 실험 자체도 어려울뿐더
러 연구비를 받기도 쉽지 않은 상황이다.

　안전성 논란이 끊임없이 제기되자 GM 작물 주요 수출국인 미국
과 캐나다를 제외한 많은 국가에서 GMO 표시제를 실시하고 있다.
유럽연합은 GMO 원료를 사용한 모든 식품에 표시제를 의무화하고
있고, 중국에서는 GMO 원료를 사용한 지정 식품에 표시를 해야 한
다. 이 밖에 일본, 호주, 뉴질랜드 등 64개국이 GMO 표시제를 실시
하고 있다.◆ GM 작물 수입 세계 2위인 우리나라도 2001년부터 표
시제를 실시하고 있다. 원칙적으로는 GM 콩과 옥수수 원료가 사용

◆　　　국가별 GM 식품 표시제 현황은 http://www.centerforfoodsafety.org/ge-map에서
볼 수 있다.

| GM 식품, 먹고 안 먹고의 일차원적 질문에서 벗어난다면? |

된 식품의 표면에 "유전자 재조합 식품" 또는 "유전자 재조합 식품 ○○ 포함"이라는 문구를 넣게 되어 있다.◆ 그런데 왜 우리는 마트에 진열된 가공 식품에서 GMO 표시를 볼 수 없을까? 있으나 마나 한 표시제를 실시하고 있기 때문이다. GMO가 가공 식품의 주요 성분 5순위 안에 들지 않거나 최종 제품에 재조합 DNA나 외래 단백질이 남아 있지 않는 경우에는 표시를 하지 않아도 된다. 이로 인해 GM 콩과 옥수수, 카놀라 등으로 만들어진 간장, 두부, 식용유, 두유, 과자, 이유식 등이 아무런 표시 없이 시중에 유통되고 있다. GMO가 들어간 가축 사료나 GM 곡물을 운반하는 차량에는 의무적으로 표시를 해야 하지만 사람이 먹는 가공 식품에는 표시할 필요가 없는 다소 불합리한 제도가 실시되고 있다. 우리나라 소비자 기본법은 소비자가 물품을 선택할 때 필요한 지식과 정보를 제공받을 권리를 규정하고 있는데 이 내용에도 어긋나는 정책이라고 할 수 있다. 유명무실한 표시제로 인해서 소비자의 알 권리와 선택권이 침해당하고 있는 것이다. GMO 표시제가 제대로 실시된다면 인체 위해성 여부를 추적하는 데도 도움이 될 수 있다. GM 식품의 위해성은 장기간에 걸쳐 나타날 수 있고, 사람마다 GM 성분에 대한 감수성이 다를 수 있기 때문에 표시제는 인체 위해성을 추적할 수 있는 중요한 수

◆　　　식품안전처 유전자재조합식품정보 http://www.mfds.go.kr/gmo/index.do

단이 될 수 있다.

　시민단체는 물론이고 공공기관인 한국소비자원에서도 표시제 개정 목소리를 지속적으로 내고 있지만 좀처럼 개선되지 않고 있다. 식품 업체뿐만 아니라 한미 FTA 체결로 최대 GM 수출국인 미국의 눈치를 봐야 하는 상황도 표시제 개선을 어렵게 하고 있다. 표시제 반대론자들은 표시제를 탈규제 시대에 불필요하고 쓸데없는 규제로 여기고 있으며, 유럽연합과 같은 엄격한 표시제가 실시된다면 식품 가격의 상승으로 오히려 소비자에게 피해가 돌아갈 것이라고 주장한다. 그러나 굳이 유럽연합의 사례를 들지 않더라도 가공 식품 표면에 각종 식품 첨가물과 원산지와 같은 정보들이 빼곡히 들어차 있는 현실을 고려하면 설득력이 떨어진다.

GM 식품의
선택

　　　　　　　　GM 작물의 확산이 기아를 해결해줄 것이라는 통념은 굶주림에 대한 정치 사회적인 분석과 이해가 확산되면서 점차 설득력을 잃어가고 있다. 대신 GM 작물의 인체 및 환경 위해성, 표시제가 GM 식품을 둘러싼 논쟁의 중요한 쟁점으로 부각되고 있다.

　제초제 저항성 GM 작물의 확산은 농약 사용량을 증가시켜 슈퍼 잡초의 출현을 촉진하고 농민과 소비자들의 건강에 영향을 주고 있다. 살충 성분을 함유한 GM 작물은 해충뿐만 아니라 식물과 환경에 이로운 나비나 곤충, 토양 생물에게도 영향을 미치고 있다. 특히 GM 작물이 경작지를 탈출해 자라거나 일반 작물과 섞여서 유통되는 '유전자 오염'은 앞으로 심각한 사회 문제로 부상할 가능성이 높다. 유전자 오염으로 인해 장기적으로 GM 작물과 전통 작물이 공존하기 힘든 환경이 만들어질 것으로 보인다. GM 식품의 안정성 문제는 환경 위해성 문제보다 더욱 논란이 많고 불확실하다. GM 작물을 섭취한 동물에게서 문제가 발생한다는 논문이 종종 발표되고 있지만 결과에 대해서는 이견이 많고 합의된 검증 방법도 아직 없다. 이 논란은 앞으로도 꽤 오랜 시간 지속될 것으로 보인다. GMO 옹호자들은 '위험'하다는 결정적인 증거가 나오지 않는 한 안전하다고 주장할 것이고 일부 과학자들과 우려하는 시민들은 인체에 '안전'하다는 결과가 없는 한 잠재적으로 위험한 식품으로 취급할 것이다. 안전에 대한 우려는 표시제로 연결되는데 우리나라 표시제는 소비자의 알권리를 크게 제약하는 유명무실한 제도로 자리 잡았다. 이를 의식해 일부 소비자들은 비용과 시간을 들여 Non GM 식품을 선택해서 먹고 있다. GM 식품을 거부하고 지속 가능한 농업을 지지하는 의미 있는 소비 형태이지만 최소한 유럽과 비슷한 수준의 안전성 평가나 표시제가 도입되지 않은 한 그 효과는 제한적일 수밖에 없다.

| 불확실한 시대의 과학 읽기 |

GM 식품 나아가 GMO에 대한 태도는 단시간 내에 결론을 얻기 힘든 인체 위해성 여부뿐만 아니라 환경에 어떤 영향을 주고 있는지, 관련 의사결정은 투명하고 민주적으로 진행되고 있는지, 표시제는 제대로 작동하고 있는지, 지속 가능한 농업의 미래는 어떤 것인지 등 다양한 쟁점들을 폭넓게 고려한 후 판단해야 한다. 특히 GMO의 확산으로 누가 이익을 얻고 있는지 꼼꼼히 따져봐야 할 것이다.

이 글은 「GM식품 과연 필요한가?」, 《시민과학》 100호(2014, 01/02)를 수정·보완한 것이다.

화학물질의 유해성 여부를
판단하기 위해서는 어떻게 해야 할까?

- 화학물질 규제 논쟁

김병윤

김병윤

서울대학교에서 무기재료공학을 전공하고 렌슬
리어공대에서 과학기술학을 공부했으며 현재 재
단법인 여시재에서 일하고 있다. 과학기술과 정
치의 여러 주제들, 특히 환경과 생활에 도입되는
새로운 화학물질의 규제정치와 공식적인 제도 내
에서 과학지식의 역할에 관심을 갖고 있다. 옮긴
책으로는 『시민과학』(공역), 『과학, 기술, 민주
주의』(공역), 『과학의 새로운 정치사회학을 향하
여』(공역), 『과학을 뒤흔든다』(공역)가 있다.

화학물질은 어디에나 있다. 가령, 지금 내 앞에 있는 전화기와 컴퓨터는 전자공학의 결과물이라고 생각되지만 컴퓨터를 둘러싸고 있는 케이스뿐 아니라 내부에 있는 반도체 소자들은 화학물질을 활용하는 화학공학이나 재료공학 없이는 존재할 수 없다. 우리는 삼성전자에서 백혈병으로 죽어간 반도체 노동자들의 이야기를 통해서 먼지 없고 '클린'한 공장을 만들기 위해서 얼마나 많은 화학물질을 사용하고 있는지 알 수 있었다. 주방이나 화장실에 가면 화학물질은 더 많이 있다. 세제, 섬유유연제, 방향제, 샴푸, 그것들의 케이스 등등. 그리고 각종 가전제품의 외양이나 손잡이, 널려 있는 빨래 등에도 화학물질은 존재한다. 이렇게 현대사회는 화학물질로 뒤덮여 있다.

전 세계적으로 약 10만 종의 화학물질이 유통되고 있으며 매년 약

2,000종의 새로운 화학물질이 시장에 도입되고 있다. 물론 대부분의 신규 화학물질은 사전심사를 거쳐 시장에 나오지만 화학물질로 인한 피해를 완전히 예방하지는 못한다. 2011년에 우리를 놀라게 했고 현재까지도 그 법정 투쟁이 쟁쟁한 가습기살균제 사건은 화학물질 규제 절차의 한계를 잘 보여주고 있다. 그동안 사람들을 두려움에 떨게 했던 원인 모를 괴질의 정체가 가습기살균제로 인한 폐 손상임이 질병관리센터의 발표로 밝혀졌다. 일부 가습기살균제에 들어 있는 PHMG, PGH, CMIT, MIT 화학물질은 피부를 통한 독성이나 입을 통한 독성에 대해서는 문제가 없었지만, 공기 상태로 흡입할 경우에 문제가 있었던 것이다. 이러한 화학물질을 미리 규제하지 않았다는 비판이 있었지만 규제기관에서는 문제가 되었던 화학물질들이 가습기살균제의 형태로 공기 중에 비산될 거라는 예측을 하지 못했던 것이다.

우리 생활에 유용한 제품을 만들 수 있게 해주는 화학물질은 그 자체로 상당한 유해물질이기도 하다. 유해화학물질을 생산단계에서부터 최소화하려는 녹색화학(green chemistry) 같은 기획도 있지만 여전히 새로 만들어진 화학물질은 인간이나 환경에 해로울 가능성이 있다. 그렇다면 우리는 어떤 화학물질이 유해한지 어떻게 알 수 있을까, 가습기살균제 사건 같은 비극이 일어나기 이전에 유해성 여부를 판단하기 위해서는 어떻게 해야 할 것인가.

우리나라를 비롯하여 여러 나라들에서는 위험평가(risk assessment)를 통해서 화학물질 또는 유전자조작물질 등 신물질의 유해성을 사전에 예측하고 있다. 위험평가는 위험에 대한 정보를 시민이나 규제기관에 제공하는 과학적 방법이다. 위험을 과학적으로 평가하는 위험평가는 규제에 정당성을 제공해줄 뿐만 아니라 적절한 안전기준을 정량적으로 제시해줄 수 있는 방법이라고 생각되었다. 이러한 과학적 방법 덕분에 불필요한 사회적 논쟁은 줄어들고 화학물질을 안전하고 합리적으로 관리할 수 있을 것이라는 기대가 있었다. 그러나 미국에서의 화학물질 규제를 둘러싼 논쟁에서 과학과 정치는 떼어놓을 수 없는 관계였다.

미국에서의 화학물질 규제

화학물질에 대한 관심이 높아진 데에는 사람들이 체감할 수 있었던 대기오염과 더불어 레이첼 카슨의 『봄의 침묵(Silent Spring)』의 대중적인 영향력 때문이었다. 1962년에 발표된 『봄의 침묵』은 노벨상을 안겨주었던 물질인 DDT가 곤충뿐만 아니라 생태계에 부정적인 영향을 준다고 제기했다. 카슨의 주장은 많은 비판에도 불구하고 대중적인 관심을 받았다. 실제로 1972년에 설립된 미국환경청(Environmental Protection Agency, EPA)에서 DDT 사용을 공식적으로 금지시키면서 카슨의 주장을 뒤늦게 수용하는 등, 화학물질은 환경규제 및 환경운동과 분리할 수 없는 역사를 갖고 있다. 미국환경청에 이어 규제와 관련된 기구들이 잇달아 설립되었다. 1970년 12월 29일 닉슨 대통령에 의해 통과된 산업안전보건법(Occupational Safety and Health Act)에 따라 노동부 산하의 산업안전보건청(Occupational Safety and Health Agency, OSHA)이 설립되었고 1971년에는 관련 연구기관인 국립산업안전보건연구원(National Institute of Occupational Safety and Health, NIOSH)이 설립되었다. 식품의약품안전청(Food and Drug Agency, FDA)은 과거에는 농림부 산하에 있었지만 식품안전에 대한 관심이 높아지면서 1968년에 보건교육복지부(Department of Health, Education, and Welfare) 산하로 이관되었다. 한편, 소비재안전위원회(Consumer Product Safety Commission, CPSC)는 1972년에 설립되었다. 이런 기구들의 설립과 더불어 구체적으로 어떻게 화학물질을 규제해야 할 것인가를 둘러싼 논의가 시작되었다.

폴리염화비닐 규제: 실현 가능성이라는 쟁점

OSHA가 설치되면서 작업장에 사용되는 화학물질의 기준 노출량을 정하는 방식에 대한 논의가 본격적으로 대두되었다. 고무 산업에서 주로 사용되는 폴리염화비닐(Polychlorovinyl, PVC)의 유해성에 대해서는 제2차 세계대전 이전부터 논의가 있었지만 인과관계가 뚜렷하게 입증되지 않았다. 1950년대부터 다우케미컬 등의 화학회사에서는 염화비닐에 대한 노출이 인간에게 미치는 영향을 측정해서 자체적으로 안전기준을 만들려는 노력을 했다.

1973년 12월에 타이어 회사인 굿리치에서 일하던 노동자가 혈관육종으로 사망하면서 폴리염화비닐과 암의 상관관계를 둘러싼 논쟁이 본격화되었다. 사망자가 발생했다는 것을 회사에서는 NIOSH에 통보했고 OSHA에서는 안전기준을 확립하기 위해 공장 조사를 하는 등 일련의 활동에 돌입했다. 공장 조사 이후에 개최한 대중적인 공청회에서 폴리염화비닐과 암과의 연관에 대해서 연구를 진행해오던 이탈리아의 맬토니(Cezare Meltoni) 박사가 출석해서 50ppm 정도의 낮은 농도에서도 실험동물에게서 암이 발생했다는 결과를 제시했다. 미국의 노동조합연합인 AFL-CIO의 고무노동조합연맹(United Rubber Workers Union)과 정유화학원자력노동조합연맹(Oil, Chemical, and Atomic Workers International Union, OCAW)◆들은 이런 연구에 지지를 보냈고, OSHA에게 염화비닐에 대한 노출기준치를 설정할 것으

◆　　　　정유화학원자력노동조합연맹은 미국뿐만 아니라 캐나다의 노동조합도 회원으로 받기 때문에 명칭에 '국제(international)'가 포함된다. 당시 OCAW에는 환경운동과 연대활동을 하면서 석면반대운동 등 노동보건운동에서 선구적인 역할을 했던 토니 마조치(Anthony Mazzocchi, 1926~2002)가 활동하고 있었다.

| 화학물질의 유해성 여부를 판단하기 위해서는 어떻게 해야 할까? |

로 요청했다.

1974년 4월 5일, OSHA는 염화비닐단량체(vinyl chloride monomer) 및 폴리염화비닐에 대한 노출 수준을 50ppm으로 낮출 것을 요구하는 긴급표준을 발표했고 5월 10일에는 동일한 기준의 영구표준시안을 발표했다. 이 시안에서 OSHA는 "검출이 불가능한(no-detectable)" 까지 노출기준을 낮춰야 한다는 강한 주장을 하기도 했다.

폴리염화비닐에 대한 논쟁은 안전한 노출 수준은 어느 정도인가라는 과학적인 논쟁을 한축으로, 그리고 다른 한축으로는 법에 명시되어 있는 "실현 가능한 정도까지(to the extent feasible)"를 어떻게 해석할 것인가를 둘러싸고 벌어졌다.◆ 실현 가능성에 대해서 어떤 사람은 기술적인 실현 가능성을 강조했다면 다른 이들은 경제적인 실현 가능성, 즉 일종의 비용-편익 분석을 옹호했다.

이러한 두 가지 축을 둘러싼 논쟁은 논리적 또는 과학적인 논쟁으로 보였지만 실제로는 기업의 이해관계와 노동의 이해관계가 대립하는 '다른 방식의 정치'였다. 기업계에서는 화학물질에 대한 노출

◆　　　　"실현 가능한 정도까지"는 미국의 산업안전보건법(OSHA, 1970)의 표준(standard) 항목에 있는 표현이다(29 USC §655(b)). 전체 문장은 "[OSHA의 상급기관인] 노동부 장관은 이 조항에 언급된 유해물질이나 해로운 물리적 작용제에 관한 기준치를 설정할 때에 구할 수 있는 최선의 증거에 기초하여 일하는 기간 동안 제시된 기준치에 따라 규제되는 위해에 규칙적으로 노출되는 어떤 노동자들도 건강이나 신체기능의 실질적인 손상을 경험하지 않도록, 실현 가능한 정도까지, 가능한 최적의 방식으로 보장해야 한다"이다.

위험을 낮게 평가하고 영구표준시안에서 제시한 기준이 기술적, 경제적으로 실현 가능한지로 이끌고 가면서 쟁점을 일자리 대 노동자 건강으로 몰아갔다. 타이어회사인 파이어스톤은 "검출이 불가능한" 노출 수준은 당대의 공학 수준으로는 불가능하다고 주장하면서 제시된 표준을 만족시키기 위해서는 5,000만 달러의 추가 지출이 필요한데, 이 경우 파이어스톤은 더 이상 회사를 운영할 수 없을 거라고 주장했다. 이와 유사하게 플라스틱산업협회(Society of the Plastics Industry)는 PVC산업이 새로운 표준으로 인해 미국에서 문을 닫게 된다면 170만에서 220만 명에 이르는 일자리가 없어지고 국내 생산이 650억에서 900억 달러가 감소할 것이라는 예측을 발표했다. 이런 반론과 더불어 최대 노출한계를 20~40ppm으로 높이자는 제안을 하기도 했다.

기업계의 이런 흐름과 달리 노동조합, 과학자, 산업보건 연구자, NIOSH 등은 OSHA의 표준시안을 지지하면서 OSHA의 의무는 노동자들의 건강과 안전을 보호하는 데에 있다는 주장을 했다. 그러나 이런 규범적인 주장에도 불구하고 기업 측의 반론에 맞서는 과정에서 기업 측에서 제기한 기술적인 논쟁으로 전체적인 구도가 변화하게 되었다. 고무노동조합연맹의 피터 보마리토(Peter Bommarito)는 플라스틱을 안전하게 생산하는 게 불가능하면 단계적으로 대체품을 찾아야 한다고 주장했으며, 마조치는 새로운 표준으로 인해 공장이 문을 닫을 수 있다는 주장은 석면에 대한 논쟁 당시에도 기업들이 제기했던 것으로 신빙성이 낮다는 주장을 했다. 과학자들은 당시의 지식 수준에서 안전한 노출의 정도를 정량화하기가 어렵기 때문에 노출표준을 제정할 때에 적당한 여지를 두는 것이 중요하다고 제기했으며, 보다 적극적으로는 검출 불가능한 수준을 강제할 수도 있다고 주장했다.

이런 논쟁을 거치고 표준시안이 제출된 지 6개월이 지난 10월 4일, OSHA는 영구표준을 발표했다. 영구표준에서는 최대노출허용한계를 8시간 동안 평균 1ppm, 15분 이내의 시간 동안 노출되는 경우에는 5ppm까지로 규정했다. OSHA는 염화비닐단량체를 인간에 대한 발암물질로 간주해야 한다는 결론을 내렸지만 "실현 가능한 공학적 통제를 통해 달성하기에 훨씬 어려운 수준을 유지하도록 강제할" 것이라는 이유 때문에 검출 불가능한 수준(no-detectable)을 주장하지는 않았다.

최종적으로 얻어진 표준은 노동자들의 주장과 근접했던 것으로 보인다. 이때부터 실현 가능성이라는 문제는 OSHA의 표준제정과정에서 중요한 고려요소가 되었다. 논쟁 과정에서는 기술적 실현 가능성과 경제적 실현 가능성을 구분했지만 실제로는 양자를 구분한다는 게 의미없었다. 노출 수준을 기술적으로 낮추기 위해서는 직접적으로 공학적인 시설 교체 및 보완에 수반되는 비용뿐만 아니라 제품 단가의 상승에 따른 국내, 국제 경쟁력 저하로 인한 매출액 감소 또는 고용 축소 등의 비용을 고려해야만 하기 때문이다. 즉 실현 가능성은 규제기준을 기술적으로 만족시킬 수 있는가라는 문제가 더 이상 아니게 되었다. 노동자를 안전하고 건강하게 해야 한다는 '절대적' 목적을 가진 산업안전에 대한 규제를 기업의 생존과 직결되는 문제로 연관시키면서 이제는 서로 배치되는 목적을 조화시키는 규제를 '실현'할 수 있는가라는 문제가 규제당국에게 던져지게 된 셈이다.

벤젠 규제: 과학적 기준이라는 쟁점

벤젠이 1910년대부터 고무 산업에서 사용되기 시작되어 페인트, 타이어 등 다양한 산업에서 용매로 활용되었다. 이렇게 벤젠의 활용이 증가하면서 재생불량성빈혈(aplastic anaemia)이나 백혈병 등이 관련 노동자들에게 자주 발견되었고 이에 대한 우려와 연구가 시작되었다. 미국산업위생전문가협의회(American Conference of Governmental Industrial Hygienists)에서는 작업장에서의 벤젠 노출기준에 대해서 1946년에는 100ppm을, 1947년, 1948년에는 각각 50ppm, 35ppm이라는 권고안을 제시했다. 그러나 이런 권고안 하에서도 실제로 현장에서는 지속적으로 혈액 관련 환자들이 발생했다. 1970년대 초반부터 노스캐롤라이나대학교에서는 장기간에 걸친 벤젠 노출로 인한 백

| 화학물질의 유해성 여부를 판단하기 위해서는 어떻게 해야 할까? |

혈병에 대한 역학(疫學) 연구를 발표하기 시작했다. 1977년에는 인판트와 동료들이 발표한 벤젠 노출에 대한 최초의 코호트(cohort) 연구에서는 1971년 이전에 대체로 받아들여지던 최대 100ppm, 또는 노출시간이 길 경우에는 10ppm이라는 노출기준에서도 백혈병 발생 위험이 5~10배가 증가된다는 결과가 보고되었다(Infante et. al. 1977a).

이런 연구결과가 발표되자 OSHA는 1977년 4월 벤젠에 대한 긴급표준을 발표했다. 긴급표준에서는 8시간 동안 노출될 경우 1ppm을 벤젠의 허용기준치로 지정했다. 그러나 정유회사들의 후원을 받고 있는 미국석유연구소(American Petroleum Institute, API)에서는 기존 관행이던 10ppm보다 기준을 더 낮춘다고 하더라도 백혈병이 감소한다는 증거가 없다면서 소송을 제기했다. 이후 OSHA는 최종시안에 대한 공청회를 통해 1ppm 기준을 결정했다. 항소법원에서는 API의 주장을 받아들여서 OSHA의 기준을 무효화시켰고 결정을 대법원으로 넘겼다.

1980년 7월, 미국 대법원은 OSHA가 건강과 관련된 영구표준을 지정하기 위해서는 작업장에 "유의한 수준의 위험(significant risk)"이 존재하는지에 대해서 판단할 수 있는 근거를 확보해야 한다고 판결했다. 판결에서는 불확실성의 존재를 인정하기는 했지만 정량적인 위험평가에서 얻어지는 증거를 토대로 "유의한 수준의 위험"이 결정되어야 한다고 판시했다. 이 과정에서 대법원은 염소 처리된 식수를 먹은 100만 명 중의 1명이 암으로 사망하는 위험은 분명히 유의하지 않으며 벤젠이 2퍼센트 들어 있는 가솔린 기체를 정기적으로 흡입한 1,000명 중에서 1명이 사망하는 경우에는 유의하다는 예를 들었다. OSHA는 이 결정을 받아들여서 어떤 개인이 평생 노동하는 동안(45년 이상), 암이나 기타 물리적 손상을 입을 확률이 1/1,000이 증가하는 경우를 "유의하다"고 정의하게 되었다.

이 판결은 OSHA의 의사결정에 매우 중요한 영향을 미쳤다. 대법원에서는 유의한 수준의 위험이 "수학적인 구속복(mathematical straightjacket)"이 되어서는 안 되며 유의한 수준의 위험을 정의하는 것은 OSHA의 권한이라고 명시했지만, OSHA는 대법원이 제시한 사례를 따라서 노동자가 일생 동안 노동을 할 때 1,000명 중의 1명이 추가적으로 암이나 기타 물리적 손상을 입을 경우를 "유의하다"고 정의했다. 이러한 법적인 논쟁은 OSHA의 행동을 보다 조심스럽게 만들었다. OSHA는 새로운 기준에 대한 작업을 하기 이전에 보다 치밀한 과학적인 분석을 통해 논란의 소지를 없애려고 하는 등, 위험평가의 과학성에 많은 노력을 기울이게 만들었다. 예를 들어 설치류 중에서도 햄스터, 생쥐, 쥐 중에서 어떤 실험동물에서 얻은 결과가 인간에게 적용 가능한지에 대해서도 깊이 있게 논의하는 등, 신중을 기하기 위해 보다 오랜 시간과 비용이 소요되었다.

규제를 위해서 더 많은 시간이 걸리면서 또 다른 희생이 따르게 되었다. 1980년 대법원에서는 OSHA가 벤젠에 대해서 내렸던 1977년의 1ppm 기준을 과학적 근거가 취약하다면서 무효화시켰지만, 그로부터 10년이 지난 1987년에 OSHA가 새로 만들어낸 기준은 여전히 1ppm이었다. 그리고 이러한 기준은 순수하게 "유의한 수준의 위험"을 따른 것도 아니었다. 1ppm 기준 하에서 일하는 노동자들은 일반적인 시민들에 비해서 1,000명 중에 10명이 일생 동안 백혈병에 걸릴 확률이 높다고 밝혀졌지만 경제적인 실현 가능성을 고려하여 1ppm 기준을 따르기로 했다. 동일한, 그러나 새로운 기준을 위해서 흘려보냈던 10년 동안 백혈병으로 사망한 노동자는 198명, 그리고 다발성 골수종(multiple myeloma)로 사망한 노동자는 77명일 것으로 추산되었다. 이 수치에는 백혈병과 다발성 골수종을 제외한 다른 혈액 관련 질환은 고려하지 않은 것이다.

'붉은책'과 '파란책': 표준적인 위험평가 방식의 도출

벤젠 소송 등을 거치면서 행정부에서는 법원을 만족시킬 수 있는 과학적 기준에 대한 합의가 필요해졌다. 이에 대한 대응으로 1983년 미국 국립과학학술원(National Academy of Sciences)에서 『연방정부에서의 위험평가: 절차의 관리(Risk Assessment in the Federal Government)』를 발간하면서 미국 연방정부의 화학물질 규제는 표준화되기 시작했다. '붉은책(red book)'이라는 별명을 갖고 있는 이 보고서에서는 위

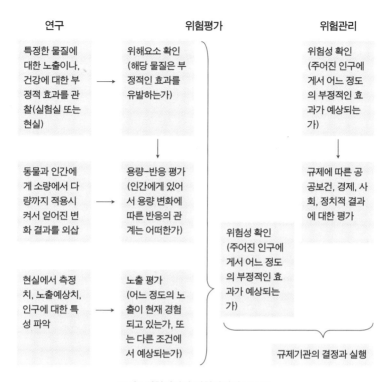

연구	위험평가	위험관리

특정한 물질에 대한 노출이나, 건강에 대한 부정적 효과를 관찰(실험실 또는 현실) → 위해요소 확인 (해당 물질은 부정적인 효과를 유발하는가)

위험성 확인 (주어진 인구에 게서 어느 정도의 부정적인 효과가 예상되는가)

동물과 인간에게 소량에서 다량까지 적용시켜서 얻어진 변화 결과를 외삽 → 용량-반응 평가 (인간에게 있어서 용량 변화에 따른 반응의 관계는 어떠한가)

규제에 따른 공공보건, 경제, 사회, 정치적 결과에 대한 평가

위험성 확인 (주어진 인구에 게서 어느 정도의 부정적인 효과가 예상되는가)

현실에서 측정치, 노출예상치, 인구에 대한 특성 파악 → 노출 평가 (어느 정도의 노출이 현재 경험되고 있는가, 또는 다른 조건에서 예상되는가)

규제기관의 결정과 실행

그림1 위험평가와 위험관리의 요소들

험을 관리하는 방식을 크게 위험평가와 위험관리(risk management)로 구분하고 있으며 위험평가의 과정을 체계적으로 서술했다(그림1).

그림1에서는 위험평가와 위험관리를 어떻게 구분하고 각각은 어떤 절차를 거쳐야 하는지를 보여주고 있다. 위험평가는 실험실 연구로부터 얻어진 성과들을 종합해서 위험을 확정(risk characterization)하

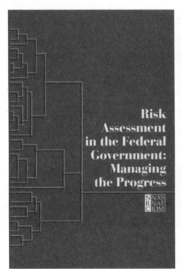

붉은색 표지의 『연방정부에서의 위험평가: 절차의 관리』
(왼쪽, 일명 '붉은책')와 파란색 표지의 『위험평가에서 과
학과 판단』(오른쪽, 일명 '파란책'). '붉은책'은 위험을 관
리하는 방식을 크게 위험평가와 위험관리로 구분하고 있
으며 위험평가의 과정을 체계적으로 서술했다. '파란책'
은 '붉은책' 이후의 성과를 정리하고 새로운 개선방안을
제시하고 있다(두 보고서의 표지는 붉은색과 파란색으로
구분된다).

는 일련의 과정이다. 우선, 특정한 물질이 인간이나 환경에 부정적인 영향을 미치는지를 확인하는 위해요소 확인(hazard identification) 과정을 거친 후에 해당 물질의 투입을 조금씩 변화시켜가면서 위험의 정도를 파악하기 위해 용량-반응 분석을 수행한다. 이렇게 하는 과정이 특정한 화학물질에 대한 실험실 수준의 분석이라면 노출 평가(exposure assessment)는 실제 환경에서 개인들이 얼마나 해당 물질에 노출되는지에 대한 분석이다. 서로 다른 환경(작업장, 지역 등)에 있는 개인들이 어느 정도 해당 물질에 대해서 피부, 대기, 섭취 등의 방식으로 노출되는지에 대한 조사를 통해서 개인들이 실제로 관심을 갖고 있는 물질들에 짧은 시간 동안, 또는 장기간 동안 어느 정도 노출되고 있는지를 확인하는 과정이다. 이렇게 특정한 물질에 대한 실험실 수준의 연구와 해당 물질이 어떻게 개인들에게 노출되고 있는지를 종합하여 위험성 확인(risk characterization)을 하는 과정이 위험평가(risk assessment)이다.

『연방정부에서의 위험평가』에서는 위험평가와 위험관리를 잘 구분되는 것으로 그리고 있다. 위험평가는 과학자들이 수행하는 전문적인 절차이며, 위험관리는 위험평가를 통해서 얻어진 특정한 물질에 대한 정보를 토대로 정치, 경제, 사회적인 상황을 고려해 규제기관이 특정한 결정을 내리는 절차이다. 재서노프(1993)는 이런 일련의 연구 및 활동을 사회과학과 자연과학이 통합된 사례로 볼 수도 있지만 면밀하게 검토하면 위험을 과학주의적으로 다루는 방식이라고 비판한다. 그녀는 『연방정부에서의 위험평가』 같은 이해는 위험이라는 현상을 종합적으로 인식하고 위험에 보다 효과적으로 대응하는 데에도 부정적일 수 있다고 지적하면서, '위험에 대한 대중들의 인식'이나 '위험에 대한 인류학적인 연구가 위험에 대한 과학주의적 해석'과 생산적으로 통합되어야 한다고 주장했다.

이런 지적에도 불구하고 미국연방정부의 입장은 계속 이어졌다. 1994년에는 『위험평가에서 과학과 판단(Science and Judgement in Risk Assessment)』(일명 '파란책')에서 '붉은책' 이후의 성과를 정리하고 새로운 개선방안을 제시했다. 여기에서는 기존의 위험평가와 위험관리의 구조를 온존하면서 암발생 이외의 부정적인 효과를 어떻게 측정할 것인가, 그리고 위험평가를 수행할 때에 따르는 자료의 문제나 자료들의 종합적 해석 등에 대해서 보다 구체적인 가이드라인을 제시하고 있다. 이런 논의들을 거치면서 '붉은책'의 인식론과 방법론은 위험을 다루는 방식으로 미국 내에서 확고하게 자리잡았으며 이후에는 OECD나 기타 국제기구에서도 수용되었다.

'과학적' 위험평가의 지구적 확산: 쇠고기 성장호르몬 논쟁

이렇게 1983년에 미국에서 제안된 위험평가 방식은 전 세계적으로 표준화된 방법론으로 자리잡았다. OECD를 비롯하여 FAO,

WHO 등 건강 및 안전과 관련이 있는 주요 국제기구에서 위험평가를 다룰 경우에도 미국에서 정교화된 방법을 타당한 것으로 간주하고 있다.

1988년 유럽공동체◆는 성장촉진호르몬제를 투여한 미국과 캐나다의 쇠고기 수입을 금지했다. 이렇게 시작된 유럽공동체와 두 국가의 통상분쟁은 위험평가가 국제무역에서 어떻게 이해되는지를 보여준다. 당시 미국 등 여러 국가의 축산 농가들에서는 성장호르몬을 활용하는 관행이 있었다. 그러나 1970~1980년대를 거치면서 성장호르몬이 유아에게 해롭거나 암을 유발시킬 수 있다는 연구결과가 나오기 시작했다. 게다가 1980년 이탈리아에서는 10대 초반의 여학생들의 가슴이 나이에 비해 빨리 커지는 현상이 발견되었는데, 학교급식에서 섭취한 쇠고기에 잔류된 성장호르몬(합성에스트로겐)이 원인이라는 조사결과가 발표되기도 했다.

이런 사건에 직면해서 1981년 유럽공동체에서는 성장호르몬의 사용을 금지하는 지침을 발표했다. 이어서 1985, 1988년에는 에스트라디올, 프로제스테론, 테스토스테론 등 천연호르몬과 멜랜제스테롤, 제라놀, 트렌볼론 아세테이트 등 인공호르몬의 사용을 금지하

◆　　　1988년에는 유럽연합(European Union)이 구성되지 않았고, 대외무역에서 동일한 정책을 내리는 유럽공동체(European Communities) 수준으로 통합이 진행되어 있었다.

| 화학물질의 유해성 여부를 판단하기 위해서는 어떻게 해야 할까? |

고 성장호르몬이 사용된 육류를 유럽에 수입하지 못하도록 하는 조치를 발표했다. 육류 수출에 타격을 입은 미국은 1989년 유럽으로부터 수입되는 일부 품목에 대해서 일방적인 보복조치를 단행하면서 분쟁은 격화되었다.[◆] 1992년 WTO가 만들어지면서 성장호르몬에 대한 국가 간 분쟁은 WTO의 공식적인 분쟁해결절차를 통해 논의되기 시작했다.

이 논쟁에서 중요했던 것은 '위생 및 식물검역조치의 적용에 관한 협정(Agreement on Application of Sanitary and Phytosanitary Measures, 이하 SPS협정)'에 대한 해석이었다. SPS협정은 식품안전을 이유로 자유무역이 저해되는 행위를 하지 못하도록 하기 위한 것으로[◆◆] 과학적인 증거가 있거나 회원국이 합당한 절차를 거쳐서 적절하다고 판단하는 경우 국제기준보다 높은 수준의 위생조치를 도입하거나 유지할 수 있다는 규정을 갖고 있다. "위험평가 및 SPS조치의 적절한 수준 결정"이라는 이름의 제5항은 무엇이 합당한 절차인지를 명시하고 있다.

미국과 유럽공동체의 쇠고기 분쟁 과정에서 SPS협정은 낱낱이 해

◆　　　　분쟁이 격화된 데에는 유럽공동체의 제3국 육류규제법규에도 기인한다. 유럽은 1980년대 초반부터 미국의 도살장과 육류처리시설을 직접 점검하고 불합격 판정을 내리기도 해서 미국 축산업자들의 반발을 사고 있었다(이윤정 2009: 282).

◆◆　　　　GATT의 제20조 b항에서는 "인간, 동물 또는 식물의 생명 또는 건강을 보호하기 위하여 필요한 조치"일 경우에는 자유무역에 반하는 행위를 할 수 있다고 되어 있다. 이러한 예외조항을 보다 상세하게 구체화한 것이 SPS협정이다.

체되어 각 조항이 어떤 의미를 갖는지 논의되었다. 미국은 유럽공동체가 국제기준에도 부합하지 않고◆◆◆ 위험평가에 근거하지 않은 SPS조치를 취했다는 주장을 했다. 미국이 근거로 삼은 SPS 5조 1항은 "적절한 국제기구가 개발한 위험평가기술을 고려한", "인간, 동물, 식물의 생명이나 건강에 대한 위험에 대한 평가"에 "근거해서" SPS조치를 하도록 하고 있다. 당시 유럽공동체가 금지한 6개의 호르몬 중 5개의 호르몬은 국제기구인 코덱스(Codex)에서 기준을 갖고 있었지만 MGA 호르몬에 대해서는 기준을 갖고 있지 않았다. 따라서 MGA에 대한 조치는 논의에서 제외되었지만 나머지 5개 호르몬에 대해서도 과연 유럽공동체가 조치를 취할 때에 그러한 조치가 위험평가에 근거했는지를 명확하게 밝혔는지에 대해서 논의했다. 실제로 패널에서는 유럽공동체가 해당 조치를 내릴 때에 독립적인 위험평가를 하지 않았고 문제가 되는 호르몬을 직접 평가한 과학적 논문이나 보고서를 참고하지 않았기 때문에 절차적인 요인을 준수하지 않았다고 판단내렸다. 보다 구체적으로 말해, 유럽공동체는 SPS 협정 5조 2항의 "가능한 과학적 증거를 고려해야 한다"는 조항과 5

◆◆◆　　SPS협정은 국제기구인 코덱스 위원회(Codex Alimentaurius Commission, Codex), 국제수역사무국(World Organisation for Animal Health, OIE), 국제식물보호협약(International Plant Protection Convention, IPPC)에서 만들어낸 인간, 동식물의 안전에 대한 표준설정 방법론을 WTO회원국들이 지켜야하는 것으로 명시하고 있다.

조 1항의 "위험평가"에 "근거해야 한다"는 조항을 위반했다는 것이다. 유럽공동체는 사전예방원칙(precautionary principle)을 들어서 자신들의 조치를 방어하려 했지만 패널에는 SPS협정 5조 7항을 엄격하게 해석했을 뿐만 아니라 유럽공동체가 사전에 자신의 조치를 5조 7항에 근거한 것이라고 알리지 않았다는 점에서 유럽공동체의 주장을 기각했다. 이런 논리의 연장선에서 국제기준도 존재하지 않는 MGA에 대해서는 자명하게 유럽공동체의 행위는 SPS협정 5조 1항에 위배된다는 결론이 내려졌다.

유럽공동체는 패널에서 패소한 이후, 항소를 제기했고 이는 WTO의 항소기구(Appellated body)에서 다뤄졌다. 항소에서 유럽공동체가 입증하려고 노력한 부분은 수입금지 조치에서 사전예방원칙을 명시적으로 언급하지는 않았지만 실질적으로는 SPS 5조 7항 등의 사전예방 관련 요건을 충족한다고 주장했다. 항소기구에서는 이런 주장에 대해서 "'민주주의' 정부는 '사전주의'적 관점에서 조치를 취할 수 있다"는 점을 유념해야 한다며 다소 전향적인 태도를 보였다. 그러면서 제3조 1항에 명시되어 있는 "회원국은 자기 나라의 위생 또는 식물위생 조치를 국제기준, 지침 또는 권고가 있는 경우 이에 기초하도록 한다"에서 "기초하도록 한"이라는 표현이 반드시 준수해야 한다는 의무를 부여하는 것은 아니라며 패널의 판단을 거부했다. 또한 패널에서는 위험평가를 위험을 수량적으로 측정할 수 있는 과학적인 방법론으로 제한한 것에 대해서 비판하면서 SPS협정상의 위험 개념은 양적인 것에 그치는 게 아니라고 판단하면서 정치, 사회적인 위험에 대한 판단이 수용될 수 있는 여지를 허용했다. 뿐만 아니라 위험평가에 대한 조항의 해석에 있어서도 특정한 조치를 내리기 위해서 위험평가를 반드시 사전에 해야 한다는 게 아니라 위험평가와 조치 사이에 합리적인 관계가 존재해야 한다는 의미라고 판정했다. 그러나 항소기구는 이런 판정에도 불구하고 유럽공동체가 제시한 과학적 자료들이 수입금지조치를 합리적으로 지지한다고 보기는 어렵다며 원래의 판결을 지지했다.

항소기구에서는 SPS협정을 협소하고 실증주의적으로 해석했던 패널의 판단에 비해서는 해석을 풍부하게 할 수 있는 여지를 남겼지만 특정한 조치(일종의 위험관리)가 과학적인 증거에 근거해야 한다는 사실은 분명하게 했다. 환경이나 안전이 자유무역을 저해하는 일종의 기술적 무역장벽(technical barrier to trade)으로 작동해서는 안 된다는 원칙은 이렇게 과학을 경유할 경우에는 예외일 수 있다는 판단으로 이어졌다.

화학물질 규제:
다른 수단에 의한 정치

미국의 화학물질 규제 논쟁은 화

학물질의 노출기준치를 설정하는 논쟁 자체가 과학적인 토론의 형태를 띠고 있지만 기본적으로는 이해관계의 대립에서 비롯된 것이라는 사실을 보여준다. 과학은 현대사회에서 대립하는 이해관계가 직접적으로 충돌하는 경우도 있지만 많은 경우에는 자신들의 주장이 보편적인 이익을 대변한다거나 과학적인 근거가 있다면서 정당성을 획득하려고 하는 게 보통이다. 그렇다고 이런 논쟁의 배후에 이해관계가 있다고 해서 직접적인 이해관계의 득실이 순수하게 부딪히게 하자는 주장은 과학이 정당성의 중요한 근원이 되어 있는 현대사회에서는 현실적이지 않다.

작업장의 유해물질에 노출된 노동자들은 자신들에게 닥친 위험을 입증하기 위해서 과학에 호소했고, 과학은 위험에 대한 정보를 제공해줄 수 있었다. 위험평가는 상대적으로 권력과 자원이 없는 노동자와 시민들에게 진실을 밝혀주는 객관적이고 중립적인 무기가 될 것이라고 생각되었다. 그러나 이내 위험을 관리하는 과정에서 위험평가의 절차, 그리고 위험평가에서 얻어진 수치에 대한 해석은 이해관계의 정치와 무관하지 않았다. 이 과정에서 실현 가능성은 특정한 방식으로 해석되었고, 보다 충실한 과학에 기반을 두지 않고서는 국가에서 공권력의 행사도 정당화되기 어렵다는 관행이 만들어졌다. 국제관계에서도 이제는 국민의 안전과 환경을 지키려는 국가의 행위는 과학적 정당성을 주장하지 않고는 지지받기 어렵게 되고 있다.

지금까지 살펴본 것처럼 미국의 경험에서 형성된 특정한 방식의 위험평가, 그리고 위험평가에 대한 이해가 위험을 평가하고 관련된 공적인 조치를 정당화하는 세계적인 상식으로 받아들여지고 있다. 시민과 환경을 보호할 수 있는 유력한 원칙이라고 생각되었던 사전예방원칙이 녹아 있는 국제협정의 구체적인 조문들에 대한 해석을 둘러싼 논쟁에서도 이는 마찬가지다. 위험평가라는 과학에 대한 표준적이고 이상적인 이미지에 기반을 두고 있는 것이다. 화학물질을 규제하기 위한 논쟁 과정은 과학과 정치가 어떻게 만나고 있는지, 이러한 논쟁 과정이 어떻게 규제라는 정치-과학적 과정을 방향지어 왔는지를 잘 보여주고 있다.

프로작이 과연 우울증을 치료할 수 있을까?

- 우울증의 원인과 치료법에 대한 논쟁

김환석

김환석

서울대학교 사회학과와 같은 학교 대학원 석사과
정을 졸업했고, 영국 런던대학교 임페리얼칼리지
에서 과학기술학 박사학위를 받았다. 한국과학기
술학회 회장, 대통령 산하 국가생명윤리심의위원
회 위원, 유네스코 세계과학기술윤리위원회 위
원, 국민대학교 사회과학대 학장, 그리고 과학기
술민주화 운동단체인 시민과학센터의 소장을 역
임했다. 관심 분야는 과학기술학과 현대사회이론
이다. 지은 책으로 『생명정치의 사회과학』(편저),
『과학사회학의 쟁점들』, 『한국의 과학자사회』(공
저), 『사회생물학 대논쟁』(공저), 『시민의 과학』
(공저) 등이 있으며, 옮긴 책으로 『과학기술과 사
회』, 『토마스 쿤과 과학전쟁』, 『과학학의 이해』
등이 있다.

왜 우울증이
중요한가?

한국은 2003년부터 현재까지 OECD 국가 중에서 자살률 1위를 지속적으로 나타내고 있다. 인구 10만 명당 자살자 수는 1995년 12.7명으로 OECD 평균(15.5명)을 밑돌았으나, 2012년에는 29.1명(남 50명, 여 21명)으로 OECD 평균(12.1명)의 두 배를 훨씬 넘어섰다. 그리하여 자살은 한국에서 사망의 주요 원인들 중에서 4위(암 > 뇌혈관질환 > 심장질환 > 자살)로 올라섰다. 최근 한국 정부가 발표한 "2013년 자살 실태조사" 결과에 따르면, 이러한 자살을 시도하는 원인 중에서 가장 높은 비율을 차지하는 것이 우울증 등 정신과 증상이라고 분석되었다(보건복지부, 2014).

한국인의 우울증 평생유병률은 2011년 6.7퍼센트로 미국과 서유럽이 대체로 약 15퍼센트임을 감안할 때 아직 국제적으로 높은 편이 아니다(2011년 정신질환실태역학조사). 건강보험심사평가원이 집계한 바에 따르면, 우울증으로 진료를 받은 환자 수는 2012년에 총 59만 명(남자 18만 명, 여자 41만 명)으로 나타났다. 그러나 한국의 정신의학계에서는 현재의 우울증 진료율은 30~40퍼센트에 불과할 뿐 아니라 지속적으로 치료를 받는 환자의 비율은 15퍼센트에도 못 미친다고 추정하고 있다. 즉 치료를 받지 않고 있는 환자가 전체의 80퍼센트를 넘는다고 보는 것이다. 따라서 2012년의 진료 환자 수 59만 명에다가 진료율 추정치 30~40퍼센트를 고려할 경우 한국에서 실제로 우울증 진료를 받아야 할 사람은 총 150~200만 명에 달하는 것으로 추산할 수 있다.

한국인이 실제 우울증 환자 수에 비해 우울증 진료나 치료를 받는 수가 훨씬 적다는 사실은 의약품 소비의 특징에서도 어느 정도 알 수가 있다. "OECD Health Data 2014"에 따르면, 한국은 OECD 평균에 비하여 항생제 소비량은 높은 반면에 항우울제 소비량은 낮게 나타났기 때문이다. 즉 한국인의 항생제 소비량은 국민 1,000명당 하루 28.4DDD(Defined Daily Dose: 일일상용량)로 OECD 평균(20.3DDD)에 비해 높았으나, 항우울제 소비량은 국민 1,000명당 하루 14.7DDD로 OECD 평균(56.4DDD)에 비해 크게 낮은 것으로 나타났다. 이것으로 한국인이 서구인에 비해 우울증 치료를 위해 병원에 가거나 항우울제를 복용하는 것을 상당히 꺼려 한다는 사실을 짐작할 수 있다. 불행하게도 그 결과는 우울증을 치료받지 못한 채 저지르는 자살로 이어지고 있는 것이다.

그런데 우울증이란 무엇이며 그 원인과 치료법이 무엇인가는 학계에서 끊임없는 논쟁의 대상이다. 예컨대 정신의학에서는 우울증에 대해 심리사회적 원인으로 진단하는 정신분석학과 신경생물학적 원인으로 진단하는 생물정신의학이 오랫동안 대립하여 오다가 1980년대 이후 생물정신의학의 지배력이 확고해졌다. 특히 '프로작'을 비롯한 항우울제가 개발되어 성공적으로 상품화된 이후 우울증은 우리 뇌의 신경전달물질의 이상 때문에 생긴다는 견해가 정설로 굳어졌다. 그러나 항우울제에 대해서 그 치료효과와 부작용에 대한 논란이 아직도 끊이지 않으며 우울증을 촉진하는 사회적 환경의 개선 없이 과연 우울증이 해결될 수 있을까에 대해서도 의문이 제기되고 있다. 이 글은 우울증과 프로작에 대한 이러한 논쟁을 살펴보려고 한다.

———
우울증의
정의

위키피디아 백과사전의 정의에 따르자면, "우울증(depression)은 병리적인 수준의 우울한 상태를 말한다.

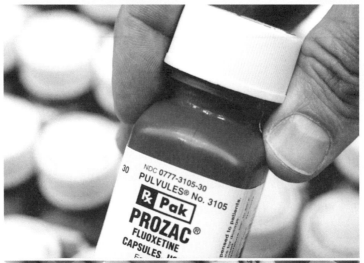

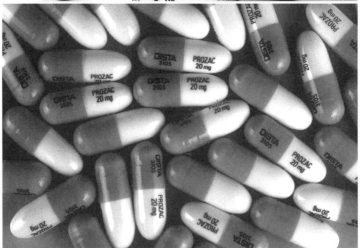

항우울제 프로작(Prozac)은 염산플루옥세틴의 상표명이다.
미국의 일라이 릴리 제약회사가 개발했고, 1987년
미국식품의약국(FDA)에서 승인받은 후 전 세계적으로
널리 쓰이고 있다.

일시적으로 우울한 기분을 느끼는 우울감과는 다르다." 더 나아가서 "우울증은 도파민, 세로토닌, 노르에피네프린 등 신경전달물질의 화학적 불균형으로 일어나게 된다. 그리고 생물학적, 심리학적, 사회학적, 약리학적, 병리학적 요인 등은 이러한 불균형에 영향을 미친다"고 되어 있다.

그러나 우울증의 정의와 진단을 둘러싸고 서구 정신의학에서는 오랜 논쟁이 있었다. 이와 관련하여 가장 중요한 영향을 미친 것은 미국정신의학협회가 개발한 '정신장애진단통계편람(Diagnostic and Statistical Manual of Mental Disorders, DSM)'이다. 1952년에 발간된 DSM-I과 1968년에 발간된 DSM-II는 당시 미국 정신의학의 지배적 패러다임이었던 심리사회적 모델(정신분석학과 사회학적 사유에 영향을 받은)에 따라 만들어졌다(윌슨, 1993; 메이스 & 호르위츠, 2005; 레인, 2009). 그러나 이 모델은 정신적 질환자와 정신적 건강자를 명확히 구분하는 데 실패했기 때문에 1970년대에 이르자 정신의학의 정당성에 위기를 초래했다. 바로 이 위기를 해결하기 위하여 1980년에 발표된 DSM-III는 증상의 체계적 분류만을 명시적인 목적으로 하면서 병인(etiology)에 대해서는 의도적으로 중립적인 자세를 취했지만, 결과적으로 정신장애에 대하여 두뇌 중심의 신경생물학적 모델을 위한 인식적 토대를 깔아주고 약물에 기초한 치료기법을 크게 촉진하는 역할을 했다. 한마디로 정신의학의 패러다임 혁명이 일어난 것이다. DSM-III의 이러한 접근은 이후 1994년에 발표된 DSM-IV 와 2013년에 발표된 DSM-V에서도 큰 변화 없이 이어져왔다.

현재 정신의학계에서 가장 널리 사용되고 있는 우울증의 진단 기준은 DSM-IV(1994, 수정판 2000)에 실린 기준이다. 그것은 아래 증상들에서 (1)번과 (2)번 중 하나는 반드시 포함되고, 다섯 가지 이상이 동일한 2주 동안에 나타나면 우울증이 있는 것으로 본다.

1 · 거의 매일 그리고 하루 종일 우울한 기분

2 · 모든 활동에서 흥미나 즐거움을 상실

3 · 심각한 체중의 감소(또는 증가)나 식욕의 감소(또는 증가)

4 · 거의 매일 불면 또는 과수면

5 · 거의 매일 정신운동의 동요 또는 지체

6 · 거의 매일 피로감 또는 에너지 상실

7 · 거의 매일 자신에 대해 무가치감 또는 과도한 죄책감

8 · 거의 매일 사고 및 집중 능력의 감퇴 또는 우유부단함

9 · 반복적인 자살 생각 또는 자살 시도와 계획

우울증의 원인:
생물정신의학의 입장

현재 정신의학에서 우울증에 대한 가장 인기 있는 이론은 뇌의 화학적 불균형(특히 신경화학적 세로토닌의 부족)이 우울증을 일으킨다고 주장한다. 그리고 이 화학적 불균형을 교정해준다고 가정되는 약물, 특히 세로토닌 재흡수 억제제(Selective Serotonin Reuptake Inhibitors, SSRIs)가 우울 장애에 대한 적합한 대응이라고 주장한다. 이 이론은 수많은 방식으로 줄기차게 홍보되고 있다. 예컨대 제약회사의 광고는 교정 가능한 화학적 불균형이 우울 장애를 일으킨다고 강조한다. 공공기관의 메시지들은 우울증이 성격이 아닌 뇌화학의 결함에서 비롯된다고 강조한다. 정신건강 옹호단체들은 우울증이 비만이나 천식처럼 신체적인 뇌기반 질환이라는 메시지를 내보낸다. 이러한 메시지가 편재하기 때문에, 화학적 결함이 우울 장애의 원인이며 약물이 작용하는 건 그것이 신경전달 시스템 상의 이런 결함을 교정해주기 때문이라는 사실을 의학연구가 실제로 보여준 것 같은 광범위한 인상을 주어왔다. 그러므로, 정상적 슬픔으로부터 우울 장애를 분리해내는 한 방법은 뇌 속의 세로토닌 수준을 검사하는 것이라 여겨질 수 있다.

우울증에 대한 화학적 결함이론은 1965년에 출간된 정신의학자 요세프 쉴드크라우트의 가설에서 비롯되었는데, 이 가설에서 그는 아민(특히 카테콜아민)의 낮은 수준이 우울 장애의 발전과 연관이 있다고 주장했다. 그의 논문은 아직도 정신의학 역사상 가장 많이 인용되는 논문 중 하나다. 흥미롭게도 쉴드크라우트는 우울 장애와 연관된 신경화학물질은 세로토닌이 아니라 카테콜아민의 하나인 노르에피네프린이라고 생각했다.

화학적 결함 가설의 가장 주된 증거의 원천은 우울증상을 완화시키는 약물치료(아민의 수준을 올려주는)의 성공에 기인한다. 그런데 쉴드크라우트 자신마저 "설사 우울 장애를 치료하는 데 그런 약물들이 효과적이라 할지라도, 이것이 그들의 작용양식이 근저의 비정상성을 교정한다는 걸 반드시 의미하는 것은 아니다"라고 인정했다. 그럼에도 불구하고, 세로토닌과 관계된 이후의 많은 주장들은 만일 세로토닌의 전달 증진이 우울증을 향상시킨다면 그건 세로토닌시스템 상의 결함이 우울증상의 최초 출현에 책임이 있을 수 있다는 전제에 의존하고 있다. 그렇다면 우울증은 정말로 신경전달물질의 불균형이 원인일까? 이에 대해서 문제점을 지적하는 반론이 많은데 이는 다음 절에서 소개하기로 하겠다. 그전에 우리는 먼저 SSRIs의 작용방식에 대하여 간단히 알 필요가 있다.

인간의 두뇌는 약 100억 개의 신경세포(neuron)로 구성되어 있으며, 각 신경세포들을 서로 연결하는 시냅스(synapse)라는 구조를 통해 신호를 주고받음으로써 다양한 정보를 받아들이고 저장하는 기

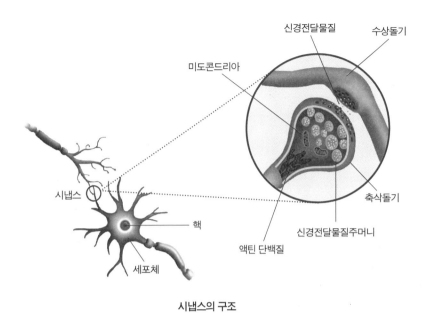

시냅스의 구조

능을 한다. 신경전달물질(neurotransmitter)은 신경세포에서 분비되는 신호 물질로서 시냅스를 통해 인접한 신경세포와 결합해 신호를 전달하며, 그 종류에는 아미노산, 펩타이드, 모노아민이 있고, 이 모노아민 중에 도파민, 노르에피네프린(노르아드레날린), 세로토닌 등이 우울증에 중요한 기능을 한다고 알려져 있다. 그런데 세로토닌은 뇌 속에서 사용된 후 연접이전세포로 재흡수됨으로써 사라지게 된다. 우울증이나 강박증 환자의 경우 뇌 속에서 세로토닌의 양이 부족한 것을 관찰할 수 있다. 이럴 경우, SSRIs를 투여하여 연접이전세포의

| 프로작이 과연 우울증을 치료할 수 있을까? |

작용을 감소시킴으로써 세로토닌이 좀 더 뇌 속에 장기간 잔류할 수 있도록 하여 환자의 기분을 개선하는 데 도움을 준다는 것이다.

화학적 결함이론의 문제점

첫째, 화학적 결함이론은 우선 이론상의 여러 난점들이 존재한다. (1)SSRIs는 세로토닌 수준에 즉각적 변화를 일으키지만, 우울증에 대한 결과적 효력이 나타나는 데 수 주일이 걸린다. 그러므로 약물이 우울증에 미치는 영향은 그것이 창출하는 신경전달물질 수준의 변화에서 오는 것이 아니라, 아민 활동의 변화와 연관된 수많은 다른 과정들로부터 오는 것일지도 모른다. (2)세로토닌이나 노르에피네프린에 영향을 주지 않는 다른 약물도 우울증을 완화시킬 수 있다는 것이다. 사실상 SSRIs 이후에 개발된 일부 항우울 약물은 세로토닌이 아니라 도파민과 기타 아민들에 영향을 준다. (3)우울증을 치료하는 데 사용되는 약물은 다른 장애들(불안, 섭식, 주의 결핍, 약물 남용, 퍼스낼리티 등의 장애들, 우울증과 동반되거나 안 되는 기타 수많은 증상들)에 대해 적어도 동등한 효과를 지니고 작용한다는 것이다. 이는 그러한 약물이 우울증 근저의 특수한 신경화학적 비정상을 교정하는 것이라기보다는, 많은 정서적 및 행동적 시스템에 영향을 미치는 매우 일반적인 뇌기능들에 작용하는 것임을 시사한다. 어떤 이론도 뇌화학 상의 그러한 단일한 비정상이 그렇게 넓은 범위의 결과적 문제들과 관계될 수 있는지 설명해주지 못하고 있다. 더 나아가서, 우울증 환자의 단지 약 25퍼센트만이 실제로 노르에피네프린이나 세로토닌의 저 수준을 나타냄을 보여준다. 설사 화학적 결함 가설이 옳다고 판명나더라도, 쉴드크라우트 자신이 논문에서 인정했듯이 그것은 우울증 사례의 단지 일부만 설명해줄 것이다.

둘째, 세로토닌 또는 기타 뇌화학물질의 가설적 결함은 우울증의 '원인'이라기보다 '결과'일 가능성이 매우 높다. 이제까지의 어떤 증거도 화학적 불균형이 실제로 우울 장애를 선행하거나 초래한다는 것을 보여주지 못했다. 대신에 우울증 자체가 (그것을 치료하는 데 사용되는 약물과 더불어) 우울증 환자들에 존재한다고 추론되는 화학적 결함의 원인일 수 있다. 대부분의 연구참여자들은 약물치료의 긴 역사를 지니고 있기 때문에, 그들이 항우울제의 사용을 시작하기 전에 약물 비섭취 상태의 뇌가 어떤 모습이었는지를 아는 건 불가능하다.

셋째, 가장 심각한 문제점은 세로토닌 또는 기타 아민에 있어서 정상적 수준 대 장애적 수준을 구분할 수 있는 아무 적절한 맥락적 근거 표준이 존재하지 않는다는 것이다. 어떤 신경화학물질의 높은 또는 낮은 수준이 그 자체로 비정상적인 것은 아니며, 오직 어떤 특정한 맥락과 관련지어서만, 그리고 그러한 맥락에 반응하도록 뇌가 설계된 방식에 관련지어서만 비정상적이라 할 수 있는 것이다. 세로토닌(및 기타 신경화학물질)의 수준 근저의 메커니즘들은 그들이 처한 맥락에 민감하게 반응하도록 생물학적으로 설계되어 있을 가능성이 높다. 즉 심각한 상실을 경험하고 있는 정상적 인간의 뇌는 세로토닌 수준의 저하를 나타낼 것으로 예상된다. 따라서 아민 수준의 정상 여부는 오직 그것이 일어난 환경적 맥락과 관련지어서만 판단할 수 있는 것이다. 예를 들면, 유인원의 세로토닌 수준은 사회적 상황의 함수로 매우 가변적이어서, 사회적 지위의 획득 또는 상실은 각각 세로토닌의 상승 또는 하강을 수반하는 것으로 나타났다.

역으로, 장애상태는 단지 신경화학물질의 극단적 수준들과 연관된 것이 아니라, 환경적 맥락에 대한 부적합한 반응인 극단적 수준들과 연관되어 있는 것이다. 우울 장애로부터 결과하는 뇌의 변화는 극심한 스트레스 상황에 대한 반응과 유사하다. 사실상, 스트레스원에 반응하여 세로토닌 또는 기타 아민이 극단적 수치를 나타내는 것은 그 일이 일어나는 상황에 적응적인 것일 수 있다. 신경화학물질의 정상적 수준과 비정상적 수준의 차이는 신경전달물질 자체의 수준에 있지 않고, 신경전달물질의 수준이 일상적 제약을 벗어나서 보다 만성적이고 환경적 맥락과 떨어지게 된다는 사실에 있다.

결론적으로, 우울증이 "화학적 결함" 또는 "신체적 질병"이라는 주장은 시기상조이다. 생물학적으로 설계된 슬픔 반응을 지속적으로 뒤엎지만 뇌의 비정상과는 상관될 수도 아닐 수도 있는 인지적, 정신역학적, 사회적 및 기타 요인들이 우울 장애의 원인일 가능성이 높다. 심리학자인 엘리어트 발렌슈타인은 "어떻게 약물이 정신장애의 증상을 완화시키는지 실제로 잘 모르는 것이 사실이고, 따라서 약물이 그렇게 하는 것은 내생적인 화학적 결함을 교정함으로써라고 가정하지 말아야 한다"고 주장한다. 하지만 신경전달물질 시스템의 어떤 결함이 우울 장애의 사례들과 인과관계를 가짐을 미래연구가 확인 또는 부인할 수 있는 가능성을 높이기 위해서는, 스트레스 환경에서 작동하는 정상적 뇌에서 신경화학물질의 수준이 다양하게 변화되는 경우와 어떤 비정상 원인이 부적합한 뇌 기능을 초래하는 경우를 구분할 수 있는 기준(들)을 연구자들이 사용해야 할 것이다.

항우울제는
약일까 독일까?

생물정신의학에서 우울증의 원인을 설명하는 지배적 관점인 화학적 결함이론을 둘러싼 논쟁과 더불어, SSRIs로 대표되는 항우울제가 과연 우울증에 대한 올바른 치료법인가를 둘러싸고도 치열한 논쟁이 전개되고 있다. 현재 사용되는 항우울제의 종류에는, 신경전달물질 중에서 세로토닌을 조절

하는 SSRIs계 항우울제와 노르에피네프린과 도파민을 조절하는 비 SSRIs계 항우울제가 있다. 이 중에서 역시 현재 가장 많이 사용되는 것은 SSRIs계 항우울제인데, 여기에는 1987년에 처음 등장한 프로작(Prozac. 미국 일라이 릴리 사)에 이어, 1991년에 허가된 졸로프트(Zoloft. 미국 파이저 사), 1992년의 팍실(Paxil. 영국 글락소스미스클라인 사), 1998년의 셀렉사와 2002년의 렉사프로(Celexa, Lexapro. 둘 다 덴마크 룬드백 사) 등이 대표적이다.

항우울제를 사용한 약물치료가 우울 장애에 대한 처방에서 아무 역할도 못한다고 주장할 사람은 없을 것이다. 약물치료는 주요 우울 장애에 수반되는 절망감을 극적으로 완화시켜줄 수 있고, 정신건강 시스템에서 탈기관화 과정을 촉진시켜 많은 사람으로 하여금 장기간의 입원을 피할 수 있도록 만들어주었다. 논쟁이 되는 것은 고통스럽지만 정상적인 감정에 약물을 사용하는 문제이다. SSRIs는 시냅스의 세로토닌 수준을 높여서 정상적 슬픔과 주요 우울 장애 모두가 그것에 반응할 가능성이 높기 때문이다. 『Listening to Prozac』(1993)이란 베스트셀러를 써서 항우울제 붐을 일으키는 데 기여한 피터 크레이머에 따르자면, "우리는 약물치료가 정상적 정신의 기능을 향상시키는 데 사용될 수 있는 시대에 진입하고 있다." SSRIs가 정상적 감정에 영향을 줄 수 있다는 연구결과가 확인되었다고 가정할 경우, 과연 이러한 약물은 주요 우울 장애 환자뿐 아니라 정상적 슬픔을 경험하는 사람들에게도 처방되어야 하는가? 이 쟁점에 대해 찬반 모두의 합리적 주장들이 존재한다.

우선 정상적 슬픔의 약물치료에 대한 찬성 입장인데, 이는 주로 공식적 치료지침, 증거기반의료 그리고 정부입장문건 등에서 볼 수 있다. 이러한 입장에서는 첫째, 항우울제는 주요 우울 장애와 양극성 장애 전반에 걸쳐 효과적이며, 약물치료의 경제적 편익도 비용을 능가(왜냐하면 방치할 경우 입원, 직업 불능, 자살 시도 등을 초래)한다고 본다. 따라서 경도우울증도 약물치료에서 배제하면 안 된다는 것이다. 둘째, 우려해야 할 것은 오히려 항우울제의 과소 사용이며, 사람들로 하여금 항우울제를 적극적으로 찾고 사용하도록 동기화할 방법을 찾아야 한다고 본다. 우울증은 치료 가능한 질환이고, 의료적 보살핌을 받아야 하며, 항우울제 복용에 대한 낙인화를 극복하는 것이 필요하다. 따라서 항우울제의 편익에 대한 인식 제고와 교육은 우울증 치료를 최적화할 수 있는 방법이라고 찬성 입장에서는 주장한다.

이에 맞서서 정상적 슬픔의 약물치료를 반대하는 입장이 있는데, 이는 주로 정신의학 외부, 임상연구공동체, 정부기관 등에서 제기하고 있다. 반대 입장에서는 첫째, 정상적 슬픔의 약물치료는 인간 존재의 내재적이고 가치 있는 일부인 정상적 슬픔을 병리적으로 취급하는 것이라고 본다. 둘째, 항우울제의 광범위한 사용은 슬픔을 초래하는 억압적인 상황을 거부하는 것이 아니라 수용하도록 사람들을 유도할 것이라고 우려한다. 셋째, 정상적 슬픔의 감정은 사적 자아의 영역이지 의료전문가의 개입과 약물처방이 필요한 공적 우려 사항이 아니라고 본다. 넷째, 위와 같은 항우울제의 정치적, 문화적 함의들 외에도, 항우울제가 그 효과와 안전 면에서 심각한 문제를 안고 있다고 주장한다. 즉 항우울제는 찬성론자들이 주장하는 것보다 부작용이 흔하고 크다(예: 성욕 감퇴, 구역질, 설사, 두통 등)는 것이다. 특히 복용 초기에 청소년에게서 자살 가능성을 높일 수 있다는 점이 지적되어왔다. 또한 항우울제의 효과 역시 크게 과장되어 있는데, 특히 경도우울증에서는 항우울제의 효과(70퍼센트)가 플라시보 효과(60퍼센트)에 비해 10퍼센트밖에 높지 않게 나타난다는 것이다. 항우울제의 위험과 부작용에 대해서 영국의 데이비드 힐리는 『Let Them Eat Prozac』(2004)이라는 책을 통하여 강력히 경고한 바 있다.

항우울제를 둘러싼 논쟁에 대해 잠정적 결론을 내려보자면 이렇다. 항우울제의 광범위한 인기(이미 1994년에 프로작은 세계 2위의 판매약이 됨)로 보았을 때, 비판가들이 주장하듯이 항우울제의 효과가 그렇게 제한적이고 그 부작용이 그렇게 크리라고는 믿기 어렵다. 더구나 임상연구에서 항우울제의 효과는 과소평가될 수 있는데, 실제 상황에서 환자와 의사들은 임상연구처럼 단일한 약이 아니라 복수

약을 사용하므로 그 효과는 높아지기 때문이다. 그렇지만 정상적 슬픔, 즉 경도우울증의 치료에 약물 사용을 공공정책이 '권장'해야 할 설득력 있는 이유는 찾기 어렵다고 할 수 있다. 따라서 우울증의 원인에 대한 논쟁과는 별개로, 적어도 항우울제의 사용에 관한 한 주요 우울 장애와 정상적 슬픔은 명확히 구분될 필요가 있다고 판단된다. 항우울제의 사용은 현재로선 전자에 국한하고 후자에 대한 사용 여부는 보다 면밀한 의학적 연구와 광범위한 사회적 논의를 거쳐 조심스럽게 결정하는 것이 바람직하다.

스리마일, 체르노빌, 후쿠시마
원전 사고가 우리에게 주는 메시지는?

- 핵발전소의 안전과 경제성을 둘러싼 논쟁

박진희

박진희

베를린공과대학에서 과학기술사학과에서 "베를린 가정폐기물 처리의 역사"로 박사학위를 취득하고 현재 동국대학교 다르마칼리지 교수로 재직 중이다. 기술의 사회적 형성, 과학기술과 페미니즘, 과학기술의 민주화, 에너지 전환 정책과 기술 정책 등의 주제에 관심을 갖고 연구를 하고 있다. 현재 시민과학센터 소장으로 NGO 활동에도 참여하고 있다. 공저로서 『한국의 과학자 사회』, 『환경운동과 생활세계』, 『근대 엔지니어의 성장』 등이 있고 번역서로 『재생가능에너지』, 『역사학, 사회과학을 품다』 등이 있다.

아직도 계속되는
핵발전소 사고

2011년 3월 11일 동일본 대지진 여파로 지진해일이 일본 후쿠시마에 위치한 후쿠시마 제1발전소를 덮치면서 모든 원전 건물이 4~5미터 침수되기에 이르렀다. 이로 인해 건물 내 비상전원 공급을 담당하던 비상디젤발전기 등이 침수 피해를 입어 장기간 원전에 전원을 공급할 수 없는 상황이 초래되었다. 사고 당시, 원자로 1호기와 3호기 내부에서 핵연료가 용융되는 노심 용융이 일어나고 이 과정에서 1호기와 3호기에 수소폭발이 일어났다. 격납고 폭발로 방사성 물질이 외부로 유출되게 되었고, 핵연료가 들어가 있지 않은 4호기는 폭발이 일어나지는 않았으나 화재로 인해 원자로 건물과 격납 용기 내부에 저장 중이던 사용후핵연료가 손상을 입었다. 이 사고로 인해 약 16만 명이 거주 지역을 벗어나 피난을 해야만 했고 피해액은 77조에서 672조 원에 이를 것으로 예상되었다. 이 피해액은 방사성 물질로 오염된 지역을 제염하는 데 들어가는 비용, 건강 영향에 대한 보상, 의료보험 지출, 사고가 난 원자로를 폐로하는 데 들어가는 비용 등을 포함하는 것이었다.

사고 후 3년이 지났던 2014년 상황을 돌이켜보면 문제는 더 심각했다. 방사성 물질 유출로 인해 손상된 원자로 내부 상황을 정확히 파악하지 못했고, 여전히 원자로를 식히기 위해 담수를 주입하고 있었기에 여기로부터 나오는 방사능 오염수 처리 문제가 발생하고 있었다. 사고가 난 원자로 폐로를 위해서는 지속적인 냉각을 위해 담수를 유입해야 하는데, 이 유입된 냉각수는 고농도의 방사성 물질로 오염된 방사능 오염수로 다시 방출되어 나오게 된다. 도쿄전력은 이들 오염수를 회수하여 처리하고 있다고 했으나 저장 시설에 문제가 생겨 바다로 유출되어나가는 것을 방지하지 못했던 것으로 드러났다. 오염수가 바다로 유출되는 것을 근본적으로 막는 방법으로 발전소 지하로 '얼음벽' 공사가 제안되었고, 지난 2016년 1~4호기를 얼음벽으로 둘러싼 동토벽(凍土壁)을 만들어 시행했으나, 현재 그 효과는 기대 이하로 "있다고 해도 제한적"이라는 판단이 내려진 상태다. 사고가 난 원자로 폐로로 계속되는 방사성 물질 유출 위험을 낮추는

것 역시 기대하기는 어려워 보인다. 사고가 난 원자로에는 사용후핵
연료 저장고가 있어 폐로를 진행하기 전에 이관이 이루어져야 하지
만, 원자로에서 녹아버린 사용후핵연료를 어떻게 꺼낼 수 있을지 미
지수다. 이렇듯 후쿠시마 사고는 여전히 진행 중이라고 해도 과언이
아니다.

인류가 핵발전을 시작한 이후 최대 사건으로 기록하게 된 후쿠시
마 원전 사고는 최대 쓰나미를 유발한 동일본 대지진이라는 자연재
해에 의한 것만은 아닌 것으로 밝혀졌다. 2012년 국회에서 구성한
사고 진상위원회에 따르면, 후쿠시마 원전 사고는 도쿄전력과 일본
정부의 원전 안전 규제 당국에서 지진, 쓰나미 대책을 미루었기 때
문에 발생한 인재였다고 한다. 일본 정부가 2006년에 개정된 지침에
따라 내진 안전성 평가를 요구했음에도 도쿄전력에서는 보강공사
를 제한적으로만 했다고 한다. 더구나 도쿄전력은 정부 관계자들에
게 "안전대책이 강화되면 원전 가동률이 떨어진다"고 하며, 안전대
책을 미루도록 회유했고 당시 강력한 안전 규제를 실시하고 있지 않
았던 안전 당국이 이를 받아들이면서 쓰나미 대책이 미루어졌다는
것이다. 2006년의 권고를 도쿄전력이 받아들여 지진, 쓰나미 대책을
미리 실행했더라도 일본 정부는 사상 최악의 원전 사고를 예방할 수
있었다는 것이다.

후쿠시마 핵발전소 사고를 경험하면서 한국에서도 핵발전소를

일본 후쿠시마 제1원전 상공에서 촬영한 원자로 3, 4호기의 모습.
폭발로 지붕이 날아가는 등 심각하게 파손된 원자로에서는
방사성 물질 누출이 계속되고 있다.

계속 유지해야 할 것인가를 둘러싼 논쟁이 시작되고 있다. 석유, 석탄에 대한 높은 해외 의존도, 증가하는 전력소비량, 온실가스 감축을 근거로 정부에서는 핵발전 중심의 전력 정책 유지를 내세우고 있지만 시민사회에서는 핵발전 사고의 위험, 사용후핵연료 처리 시설 등으로 후세대가 안게 될 환경적 부담 등을 근거로 후쿠시마 원전 사고 이후 '탈원전'의 목소리들을 높이고 있다. 지난 2014년 6월 선거에서는 새로운 원전 건설을 반대하거나 고리 1호 발전소와 같이 낡은 원자력 발전소를 폐쇄할 것이라고 주장한 후보가 당선되기도 할 정도로 탈원전 주장이 힘을 얻기 시작했다. 그러나 여전히 핵발전소 유지를 둘러싼 논쟁은 사회적 합의에 이르지 못하고 있는 것이 우리의 현실이다. 이 글에서는 핵발전소를 둘러싼 다양한 논의들을 바탕으로 핵발전소의 미래를 알아보고자 한다. 후쿠시마 사고를 계기로 부상하고 있는 핵발전소 안전에 관한 논의를 시작으로 핵발전소의 경제성, 에너지원으로서의 미래 등을 점검해본다.

사고는 핵발전소의 운명?

후쿠시마 원전 사고는 2011년 4월 12일에 일본 원자력 안전위원회에 의해 국제 원자력 사고등급(INES) 7등급으로 상향 조정되었다. 7등급에 해당하는 사고란 방사능 물질이 대량으로 유출되고 생태계에 심각한 영향을 초래하는 경우를 말하는데 역사적으로는 1986년에 발생했던 체르노빌 사고가 7등급에 해당한다. 후쿠시마 원전 사고의 경우 4기의 원자로에서 발생한 것이어서 방사능 세슘 등 방사능 누출량이 체르노빌 사고를 능가하고 있어 가장 심각한 사건으로 기록되게 되었다. 그동안 핵발전소에서 발생한 사고들은 국제적으로 본문 147쪽 표와 같이 그 영향 정도에 따라 0에서 7등급으로 분류되고 있다.

국제원자력기구는(IAEA)에서는 노심 손상 사고가 일어날 확률을 1만 년당 1회로 산정하고 있으나 1956년 영국에서 상업적 원자력 발전이 시작된 이후로 1979년 미국 스리마일 사고와 1986년 소련 체르노빌 사고, 2011년 후쿠시마 사고로 이미 50년 만에 3차례 중대 사고가 발생하여 IAEA의 확률을 가볍게 넘어버렸다. 사실 이 사고 확률은 처음 원전 사고를 계산했던 1970년대보다 높아진 것이었다. 1975년 노먼 라스무센 미국 매사추세츠공과대학 교수가 미국 원자력규제위원회의 의뢰를 받아 '원자로 안전성에 관한 연구 보고서'를 작성하면서 처음 원전 노심 손상 사고 확률을 계산했다. 라스무센 교수는 중대 사고 확률은 10억 년에 한 번으로 계산했다. 즉 원자로가 노심 용융으로 방사능을 소량 누출시킬 확률을 100만 년에 한 번으로 같은 사고로 방사능이 대량 유출될 확률은 10억 년에 한 번으로 추정했던 것이다. 노심 용융은 원자력 발전을 구성하는 여러 부

핵발전소 사고등급

분류	INES 등급	피폭 및 환경 영향	시설 내 방사선 방벽 및 통제 영향	심층방어 영향	사례
사고	7 대형 사고	· 방사성 물질의 대량 환경방출 (수만 TBq 이상)			구소련 체르노빌 원전 사고(1986년) 일본 후쿠시마 원전 사고(2011년)
	6 심각한 사고	· 방사성 물질의 상당량 외부방출 (수천 TBq 이상)			
	5 광범위한 영역에 영향을 주는 사고	· 방사성 물질의 제한적 환경방출 (수천 TBq 이상) · 방사선에 의한 여러 명 사망	· 원자로 노심의 중대손상 · 임계사고, 화재 등 시설 내 대량 방사성 물질 방출		영국 윈드스케일 원자로 사고 (1957년) 미국 스리마일 아일랜드 원전노심 용융 사고(1979년)
	4 국소 영향을 초래하는 사고	· 방사성 물질의 소량 환경방출 (50TBq 이상의 I-131과 등가) · 방사선에 의해 최소 1인 사망	· 핵연료 용융 또는 손상 · 시설 내 방사성 물질의 상당량 방출		프랑스 생로랑 원전 사고 (1980년) 일본 JCO 핵임계 사고
고장	3 심각한 고장	· 종사자의 법정 연간 선량 한도 10배 초과 피폭 · 방사선에 의한 화상	· 운전지역에서 1Sv/hr 이상 피폭 · 설계시 고려되지 않은 시설 내 심각한 오염	심층방어 손상	스페인 반댈로스 원전 화재 (1989년)
	2 고장	· 10mSv를 초과하는 주민 피폭 · 종사자의 법정 연간 선량 한도 초과 피폭	· 50msv/hr 이상의 피폭 · 설계 시 고려되지 않은 시설 내 상당한 오염	심층방어 기능저하	스웨덴 포스마크 원전 정전 (2006년)
	1 단순 고장 (이상)			심층방어 유지-안전기기 일부 고장	
등급 이하	0 경미한 고장	안전상 중요하지 않은 사건			

| 스리마일, 체르노빌, 후쿠시마 원전 사고가 우리에게 주는 메시지는? |

분이 한꺼번에 문제를 일으킬 때 발생하는 것으로 보고 이런 동시적인 상황이 발생할 수 있는 확률을 "예상외"로 보았던 것이다.

수학적 모델을 대동한 이 보고서의 예측은 그러나 불과 5년도 채지나지 않아 허구였음이 드러났다. 1979년에 미국 스리마일 원전에서 "예상외"의 노심 용융이 자동 감압 밸브 고장과 정비원의 실수 등 단순한 몇 가지 요인이 중첩되면서 발생했던 것이다. 미국에서 대대적인 반원전 운동을 유발한 스리마일 사고는 증기발생기에 냉각수를 보내는 주급수펌프의 고장, 보조급수펌프 밸브 잠김, 운전원의 실수로 인한 비상노심냉각장치 정지, 원자로 압력이 낮아지면 자동으로 닫혀야 하는 압력밸브의 고장 등이 일어나면서 원자로 1차 계통 파괴로 인한 냉각수 누출, 이로 인한 노심 용융, 원자로 용기 파괴로 이어져 발생했다. 관련 기술자들이 원인을 파악하지 못하고 사고 발생 16시간이 지나서야 냉각 펌프를 작동할 수 있었고 그 사이에 노심 용융이 일어나면서 수소가 발생하고 방사성 물질을 함유한 기체의 일부는 대기로 유출되었던 것이다. 원자로 격납 용기가 손상하지 않아 물질의 외부 유출이 차단되기는 했으나 이 사고의 여파로 미국 내 건설 예정이던 핵발전소 건설은 모두 취소되었다.

그리고는 7년 만인 1986년 다시 체르노빌 사고가 발생하여 라스무센의 사고 확률은 그 효용성을 상실해버렸다. 노심 용융에 이어 방대한 양의 방사성 물질이 외부로 방출된 체르노빌 사고는 후쿠시마 원전 사고 이전에 최악의 원전 사고로 기록되고 있었다. 체르노빌 사고는 원자로 정지 후 회전 속도가 느려지는 터빈을 비상 디젤 발전기가 작동할 때까지 비상 전력원으로 쓸 수 있는지에 관한 실험을 적절한 안전 예방 조치 없이 실행하는 과정에서 운전원의 실수가 겹치면서 발생한 것으로 알려져 있다. 비상노심냉각계통이 차단된 상태에서 정해진 규칙에 따라 실험을 진행하지 않으면서 문제가 발생하게 되었고, 원자로 설계상의 특성에 따라 외부 격납 용기가 설치되어 있지 않으면서 핵연료 파손, 핵연료와 물과의 반응에 의한 증기 폭발로 노심 파괴, 이어진 원자로 파괴와 건물 지붕 파괴로 노심이 대기에 노출되었다. 이로 인해 방사성 물질이 대량으로 소련을 넘어 유럽 일대로 퍼져나가버린 것이다. 초기 대응 과정에서 56명이 피폭으로 사망한 것으로 알려졌고 1986년에서 1987년까지 사고 대처를 위해 투입된 22만 6,000명 중에 2만 5,000명이 사망한 것으로 알려져 있다. 사고 후 28년이 지난 지금도 핵발전소 주변에서는 돌연변이 생물체들이 발견되고 있고, 앞으로 갑상선 암 등의 발병률이 얼마나 높아지게 될지 예측 불허인 상황이다. 방사능물질 누출 방지를 위해 발전소를 감싸고 있는 석관도 부식되기 시작해 다시 봉인을 해야 할 상황에 놓여 있다. 핵발전소 사고의 위험을 극명하게 보여준 체르노빌 사고 이후 IAEA 등에서는 원전 중대 사고 발생 확률을 1만 년의 1회(원자로 노심 용해 확률은 250년에 1회)로 수정했으나 이

우크라이나의 체르노빌 원전에서 3킬로미터 떨어진
프리피야티 마을에서 작업자들이 순찰을 돌고 있다.
1986년 발생한 체르노빌 원전 사고로 이 마을은
완전히 황폐화됐으며, 30년이 지난 지금까지도
철거작업이 진행되고 있다.

역시 후쿠시마 사고가 발생하면서 국제기구의 원전 사고 확률은 그 의미를 잃어버렸다.

실제 발생한 크고 작은 사고들에 대한 기록들은 핵발전 과정에서의 사고는 핵발전 기술이 겪어야만 할 운명임을 보여준다. 첫 상업 발전이 시작된 직후인 1957년에는 영국 윈드스케일 원자로 파일 1에서 노심 화재 사건이 발생하여 750테라베크렐(TBq)의 방사성 물질이 주변 환경으로 퍼져나가는 사고가 발생하여 '광범위한 영향을 미치는 사고'인 5등급 사고로 기록되었다. 같은 해 구소련 키시팀 핵연료 재처리 공장에서도 냉각계통 고장으로 액체 방사성 폐기물을 저장하고 있던 저장 탱크가 폭발하여 많은 양의 방사성 물질이 누출되는 사고가 발생했다. 이어 1969년 스위스에서도 5등급 사고가 발생했는데 루센 원자로에서 냉각재 소실로 인한 노심 용융 사고가 일어났던 것이다. 그리고 1979년 미국 스리마일 사고에 이어 1989년 스페인 반델로스 원전 화재 사고가 3등급 사고로 기록되었다. 발전기의 냉각용 수소가 새어나와 화재가 발생했던 것으로 알려져 있다.

1994년 한국의 월성 1호기 원전에서도 원자로 냉각재가 누출되는 사고가 발생했다. 1999년에는 일본 핵연료 재처리 회사 JCO가 도카이무라에 세운 핵연료 가공 시설에서 4등급 사고가 발생했다. 안전 규칙을 지키지 않으면서 핵연쇄 반응이 일어날 직전의 상황까지 진전된 대단히 위험한 사고였는데 이 사고로 작업자 3명이 사망하고 116명의 작업자도 방사능에 피폭되었다. 후쿠시마 직전의 큰 사고로는 2006년에 스웨덴 포스마크 원자로에서 일어난 사고였다. 원자로에서 정전이 일어난 후 비상 디젤 발전기가 제대로 작동되지 않은 채 20분 동안 운전을 계속해 노심 용융 위험이 높았던 사고로 기록되고 있다.

스리마일 사고는 그간 안전 문제를 소홀히 해왔던 원자력 산업계에 영향을 미쳐 안전에 관한 여러 정책들이 시행될 수 있도록 했다. 방사성 물질이 발전소 외부로 누출되는 것을 방지하기 위해 여러 겹의 방호벽을 설치하는 다중방호설비가 원자력 발전소의 기준이 되었다. 사고예방 설비를 위해 비상노심 냉각계통, 원자로 정지계통 등이 강화되었고, 안전을 관리하는 조직 체계도 정비되었다. 미국과 프랑스처럼 원전을 운영하는 조직과 원전 안전을 관리하는 조직이 분리되어 설계, 제작, 시공, 운전 등의 작업들에서 안전 지침이 제대로 이행되고 있는지를 독립적으로 감시할 수 있도록 하는 체계도 마련되었다.

그런데 이런 기술 발전과 조직 체제, 규제 기관의 정비에도 불구하고 핵발전소 사고는 끊이지 않고 있다. 이는 발전에서 제어, 냉각 장치 등 다종의 기술들이 복잡하게 얽혀 있는 핵발전소 기술 자체의 특성상 사고 예방이 어렵기 때문이다. 게다가 체르노빌이나 스리마일 사고가 보여주듯이 핵발전 사고는 기계적 결함에서만 유발되고 있는 것이 아니라 인간의 실수가 결합되어 발생하고 있는데 인간 실수를 100퍼센트 제거하기란 거의 불가능에 가깝기 때문이다. 그리고 핵발전소는 대량 생산되는 기술 제품들과 달리 표준화되기 어려운 기술이기 때문에 기술 사고에 대해서도 표준지침에 따라 대응하기가 어렵고 이는 예방을 더욱 어렵게 한다. 더구나 핵발전소 사고는 발전소 자체의 사고에만 머물지 않고 핵발전소 운영에 필수적인 폐기물 처리 시설, 사용후핵연료 재처리 시설 등 관련 시설들에서의 사고로까지 확산되고 있다. 그리고 이들 사고는 일국에서 일어나지만 사고의 여파는 국경을 넘는 국제성을 띠고 있으며 또한 태어나지 않은 세대에까지 영향을 미치는 후세대에 대한 책임성을 요구하는 특성도 지니고 있다. 핵발전 사고를 간단하게 자동차 사고에 비유하지 못하는 이유가 이런 특성 때문이다. 핵발전 기술의 유지는 이런 다양한 측면들에서 따져보아야 할 필요가 있다.

한편, 전 세계적으로 가동되고 있는 원자로의 평균 가동 연한이 28년으로 노후되었다는 것도 사람들 사이에 원전 사고를 걱정하도록 하고 있다. 190기가 30년 가동 연한에 다다르거나 혹은 그 연한을 넘어서 있고, 31기는 40년을 넘어서 있다. 원자력 발전소는 초기 건설비가 많이 들기 때문에 몇몇 내부 설비들이나 부품을 교체하여 가동 연한을 늘려가면 갈수록 전기 생산 비용이 줄어들어 이익을 보

전 세계 원전 가동 연한

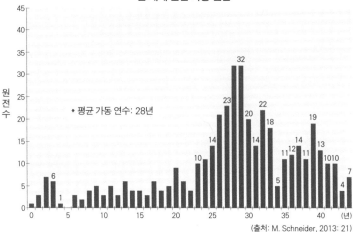

(출처: M. Schneider, 2013: 21)

게 된다. 이로 인해 원전 운영 국가들에서는 원자로 수명을 30년에서 60년으로 연장하여 가동 연한을 늘리는 전략을 취해왔다. 이로 인해 세계적으로 노후 원자로들이 늘어나고 있는 것이다. 그런데, 문제는 후쿠시마 원전 사고에서 드러나듯이 원전 안전에 대한 인식이 미처 정립되지 못한 1970년대에 지어진 노후 원전들에서 사고가 발생할 가능성이 높다는 점이다.

이와 같이 수명을 연장하여 가동 연한이 늘어난 노후 원전이 국내 고리 1호기이다. 1978년에 처음 발전을 시작한 고리 1호기는 가동을 시작한 이후 지금까지 130여 차례 고장을 겪었지만 2007년 수명 연장되어 지금까지 계속 가동되고 있다. 후쿠시마 사건 이후로 안전에 대한 사회적 경각심이 높아지면서 부산 지역 사회를 중심으로 고리 1호기 가동을 즉각 중단하고 폐쇄를 해야 한다는 주장들이 계속 이어지고 있다. 한편, 물을 감속재로 쓰는 가압경수로인 고리 1호기와는 다른 원자로인 월성 1호기는 수명 연장이 되어 있는 상태이다.◆

　원자력 안전의 문제는 사고로 인한 방사능 누출 문제뿐만 아니라 원자력 발전 과정에서 발생하는 방사성 폐기물 처분장, 사용후핵연료 처분과 해체된 원자로 등을 처리할 고준위 핵폐기방에 의한 방사능 오염 문제도 포괄하고 있다. 국내에서는 많은 사회적 논란을 겪고 2005년에야 중·저준위 방사성 폐기물 처분장을 경주로 확정하고 2015년 3월부터 운영을 시작했다. 이제 원자력 발전 안전에 대한 감시뿐만 아니라 방사성 폐기물 처분장에 대한 안전 관리도 우리 사회가 직면한 과제라고 할 수 있다. 아울러 현재는 개별 원자로 수조 안에 임시로 보관되고 있는 사용후핵연료를 보관할 부지를 선정해야만 하는 과제도 안고 있다. 사용후핵연료와 연관하여 우리나라 정부는 핵연료에 함유된 플루토늄을 회수하여 연료로 재사용할

◆　　2015년 6월 한수원은 국가에너지위원회 권고를 받아들여 고리 1호기를 2017년 6월에 영구 폐쇄하기로 결정했다. 2017년 2월 법원이 월성 1호기의 10년 수명 연장 결정이 위법하다며 취소하라는 명령을 내렸다. 원자력안전위원회를 상대로 한 시민단체의 소송 제기 후 1년 10개월 만이다. 월성 1호기의 영구 정지가 최종 결정되면 고리 1호기에 이어 국내 두 번째 영구 정지 원전이 나오게 된다.

| 스리마일, 체르노빌, 후쿠시마 원전 사고가 우리에게 주는 메시지는? |

수 있는 방안도 고려하고 있는데 이에 대해서는 찬반 양론이 분분하다. 이렇게 처리된 플루토늄을 연료로 사용하기 어렵다는 것과 정부에서 주장하는 바와 달리 처리 이후에 폐기물이 많이 줄어들지 않고 오히려 재처리에 사용된 설비들이 방사성 폐기물이 되어 폐기물이 늘어난다는 것이다. 그리고 이런 처리를 하기 위해서는 미국의 허가를 받아야 하는데, 미국은 핵무기 확산 금지를 이유로 지금까지 허용하지 않고 있다.

핵발전소의 경제성이 우선이다?

이와 같은 사고 위험 천만에도 불구하고 핵발전소를 유지해야 하는 강력한 근거로 제시되고 있는 것이 핵발전소의 경제성이다. 원자력 발전이 우리와 같이 에너지 부존자원이 없는 국가들에서 활용하는 데에는 가장 경제적이라는 것이다. 2013년도 한국전력이 원전에서 생산한 전기를 한국수력원자력에서 사올 때 지급하는 금액은 1kWh당 39.2원인데 이를 발전 단가라고도 부른다. 이는 석탄을 이용한 발전 단가 67.2원이나 LNG 복합 발전 141.3원에 비해도 저렴하고 석유 225.9원, 태양광 317~533원에 비하면 훨씬 저렴하다. 예를 들어 핸드폰 부품을 한국에서 생산하려 할 때 필요한 전기를 석유로 만들게 되면, 원자력으로 전기를 생산할 때보다 약 5배가 넘는 비용을 부품 생산자가 지불해야만 되는 것이다. 생산 비용이 늘어나게 되면 당연히 시장에서의 부품 가격이 높아져서 다른 부품 생산자에 비해 시장 경쟁에서 불리해진다. 이런 이유로 핵발전을 찬성하는 그룹에서는 우리의 수출 경제를 유지하기 위해서는 핵발전을 더 확대해야 한다고 주장하는 것이다.

그런데, 후쿠시마 원전 사고가 발생한 이후 원자력을 이용하는 데 우리가 지불하는 이 발전 단가가 제대로 계산된 것인가 하는 의문을 많은 사람들이 갖기 시작했다. 일본 도쿄전력이 소유한 원자로에서 발생한 후쿠시마 사고를 수습하기 위해서는 수백 조에 이르는 비용이 필요한 것으로 알려졌다. 이 사고 처리 비용은 도쿄전력이 발전소를 운영하여 현재처럼 낮은 가격의 원전 전기를 팔아서는 도저히 감당할 수 있는 비용이 아닌 것이다. 결국 이 비용은 일본 정부가 부담해야 하는 것으로 국민의 세금에서 충당해야만 하게 되었다. 이런 사고를 대비해 지금까지 일정 금액을 발전사에서 비축하게 하고 이를 발전 단가에 반영하기도 했지만, 실제 사고가 발생하여 회사가 지불해야 할 비용은 이보다 훨씬 높았던 것이다. 게다가 후쿠시마 사고는 원자로 내에 사고 시 발생할 수 있는 수소를 흡수할 수 있는 수소 결합 장치를 모든 원자로마다 설치해야 하고 강도가 훨씬 높은 지진에 대비한 내진 설계를 강화해야 한다는 사실을 보여주었다. 이는 지금까지보다 핵발전소 건설에 들어가는 건설비용이 더 증가할

| 스리마일, 체르노빌, 후쿠시마 원전 사고가 우리에게 주는 메시지는? |

것을 의미하며, 결국 발전 단가가 높아짐을 뜻한다.

후쿠시마 사고를 직접 경험한 일본에서는 이런 문제에 직면하여 '발전 단가 검증위원회'를 발족하여 원전 가격을 어떻게 조정해야 하는가를 검토했다. 이 위원회에 따르면 핵발전 단가에는 '사고 위험 대책 비용', '원전 부지 인근 주민들에게 지불하는 보상금' 등을 포함시켜 실제 사회에서 원자력을 이용할 때 들어가는 '사회적 비용'을 반영해야 하는 것이었다. 화석 연료의 경우에는 이산화탄소 감축에 필요한 대책 비용이 사회적 비용에 포함되는 것이었다. 이런 비용을 발전 단가에 포함시켜 새롭게 계산한 결과, 일본에서는 석탄 9.5엔/kWh, LNG 10.7엔/kWh, 원자력 8.9엔/kWh, 육상 풍력 9~17엔/kWh, 태양광 33~38엔/kWh로 나왔다. 즉 사회적 비용을 포함하게 되면 원자력이 풍력과 유사한 가격대로 높아졌던 것이다.

사실 핵발전 비용이 석탄이나 가스복합발전에 비해 저렴한 것이 아니라는 사실은 2003년 MIT 연구진이 밝힌 바 있다. 2009년도에 개정되어 발간된 『핵발전의 미래(The Future of Nuclear Power)』 보고서에서 MIT 연구진은 핵발전이 8.4센트/kWh, 석탄 6.2센트/kWh, 가스복합발전이 6.5센트/kWh로 핵발전이 석탄보다 비용이 높게 나타나고 있음을 밝혔다. 이들은 당시 원전 건설비용이 해마다 15퍼센트씩 증가하고 있는 것을 반영하고 발전소 건설에 필요한 돈을 대출할 때 들어가는 비용을 고려하여 발전 단가를 계산했던 것이다.

후쿠시마 사고 이후 탈원전 논의가 이어지면서 국내에서도 핵발전 단가에 대한 연구가 이루어졌다. 이에 따르면 핵발전 단가는 1kWh당 110.3원에서 371.6원까지 증가하게 되었다. 환경정책평가연구원에서 이루어진 이 연구에서는 그동안 발전 단가에 포함되었던 건설비, 수선 유지비, 연료비, 원전 해체비, 사용후핵연료 관리비 이외에 '사회적 비용'을 종합적으로 포함시켜 단가를 새로 계산했던 것이다. 즉 핵발전소를 짓기 위해서 정부는 원전 주변 주민들에게 보상금을 지불하고, 기술 개발을 위해 국고에서 원자력 연구 개발비도 지급하고 있다. 이러한 정부보조금이 발전 단가에 반영되어야 한다고 보았고 또한 사고 대비 배상책임 보험비도 포함되어야 한다고 보았던 것이다. 그리고 그동안 원전 해체비가 낮게 책정되어 있던 것을 수정하여 반영해서 계산한 결과 핵발전 단가는 39원에서 낮게는 110원, 높게는 371원에 달하게 된 것이었다. 이 계산에 따르자면 원전을 반대하는 사람들이 점차로 늘어나고 높은 보상금이 책정되는 등 사회적 비용이 더 증가하면 할수록 원전은 비싸질 수밖에 없다는 것이다.

핵발전 단가 = 건설비 + 수선유지비 + 연료비 + 원전해체비
+ 사용후핵연료 관리비 + 정부보조금
+ 사고위험비용(보험비) + 국민부담금

원자력으로 전기를 생산하는 것이 석탄이나 태양광 등 다른 연료를 이용하여 전기를 생산하는 것보다 경제적으로 유리한 것인가를 살펴보려면 발전소를 건설하고 연료를 넣고 발전소 수리를 하는 데 들어가는 비용만을 계산해서는 안 된다. 원자력은 석탄이나 석유와 달리 다 사용한 우라늄 연료를 특별하게 처리해야 할 필요가 있다. 사용후핵연료를 처리하기 위해서는 석탄재를 처리하는 것과는 차원이 다른 기술과 비용이 필요한 것이다. 핵연료에 의한 방사능 오염을 원천적으로 봉쇄해야 하고 이를 위해 특별한 부지도 필요하다. 또한 수명이 다한 발전소는 방사능에 오염된 원자로를 특수 기술로 해체하고 소위 고준위 폐기물 처리장에 보관해야 한다. 현재 이 비용이 임시로 계산되어 발전 단가에 반영되고는 있지만 국내에서는 이 비용이 너무 낮게 측정되어 있다는 비판을 받고 있기도 하다. 게다가 그동안에는 앞서 언급한 정부보조금, 사고 대책 비용 등이 전혀 포함되지 않고 있었던 것이다. 폐기물 처리장을 필요로 하지 않고 낮은 정부보조금을 받고 있던 태양광이나 풍력과 같은 재생가능에너지와 불균등한 비교가 이루어지고 있었다고 할 수 있다.

한편, 세계 자원 매장량에 관한 자료 역시 원자력 전기 단가가 상승할 수 있음을 보여주고 있다. 핵연료에 사용하는 우라늄 매장량 역시 석유와 마찬가지로 고갈의 위험이 있다는 것이다. 이런 매장량의 제한성은 지금까지 낮게 유지되어오던 핵연료비 상승을 유발할

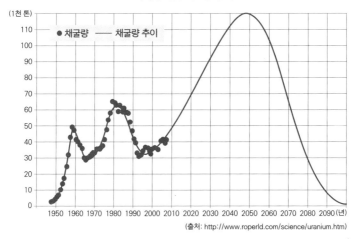

세계 우라늄 채굴량 추이

(출처: http://www.roperld.com/science/uranium.htm)

수도 있다는 것이다. 다른 에너지원에 비해 절대적으로 낮은 연료비라는 비교 우위가 영원히 유지되기는 어렵다는 말이다.

에너지원으로서
핵발전의 위상

2013년 기준 전 세계적으로 총 31개국에서 427기의 원자로를 운영하고 있으며 이들 원자로에서 생산할 수 있는 전기 용량은 363GW이며 생산하는 전기 총량은 2012년 2,346TWh에 달했다. 이를 비중으로 보면, 전 세계에서 생산하는 전기의 10퍼센트를 차지하고 있다. 이것은 가장 높은 비중을 차지했던

| 스마일, 체르노빌, 후쿠시마 원전 사고가 우리에게 주는 메시지는? |

전 세계 원전 전기 생산 추이(1990~2012년)

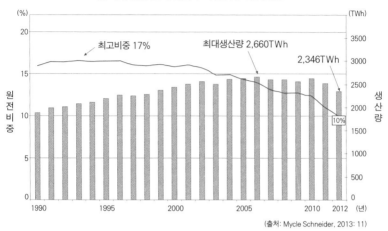

(출처: Mycle Schneider, 2013: 11)

1993년의 17퍼센트에 비해 7퍼센트나 줄어든 수치이다. 총 31개국에서도 미국, 프랑스, 러시아와 한국과 독일 5개국이 전 세계 원전 생산 전기의 67퍼센트를 생산하고 있다.

핵발전소는 우리가 사용하는 에너지(난방에 쓰이는 열에너지, 조명이나 가전기기에 쓰이는 전기에너지, 자동차 등에 쓰이는 동력에너지인 연료) 중에서 오로지 전기에너지만을 제공해준다. 때문에 전 세계에서 사용하고 있는 에너지 전체에서 핵발전소에서 생산하는 전기가 차지하는 비중을 알아보면 전기 비중보다 훨씬 낮아진다. 즉 2013년 기준 핵발전 전기가 전체 에너지 공급에서 차지하는 비중은 4퍼센트에 이르렀다. 이는 수력 7퍼센트에 비해 낮은 수치이고 풍력 1

| 불확실한 시대의 과학 읽기 |

퍼센트에 비하면 높은 수치이다. '재생가능에너지'에 대한 종합 보고서를 내고 있는 REN 21에 따르면 2012년도에 재생가능에너지가 전 세계 에너지 총 소비에서 차지하는 비중은 4.1퍼센트로 원자력과 비슷한 수준을 보이게 되었다고 한다. 전기와 연료 부문에서 재생가능에너지가 차지하는 비중은 1.9퍼센트라고 한다. 핵발전소 총 발전용량은 363GW인데 비해 태양광 용량은 134GW, 풍력은 318.1GW로 이 두 용량을 합하면 핵발전소를 훨씬 능가하게 된다.

한편, 핵발전소가 우리나라에서 흔히 알려져 있는 것처럼 여러 나라들에서 건설 투자 대상으로 선호되고 있는 것 같지는 않아 보인다. 알려진 바에 따르면, 2013년 기준 건설되고 있는 전 세계 원자로는 총 66기이고 용량으로는 63GW이다. 그런데 이 중 9기는 1972년에 시작해서 아직 공사가 끝나지 않은 원자로이고 중국에 건설 중인 28기와 한국에 건설 중인 5기가 2008년에 공사가 시작되었다. 가장 최근에 건설이 시작된 것이 2010년의 브라질 1기와 2012년에 시작된 아랍에미레이트의 2기뿐이다. 유럽의 경우 핵발전소는 계속해서 줄어들고 있고 최근 탈원전을 선언한 국가들이 늘어나면서 감소 추세가 지속될 것으로 보인다.

핵발전소가 아주 느린 성장을 보이고 있다는 것은 재생가능에너지 설비와 비교해보면 더 뚜렷해진다. 2012년에 새로 전력망에 연결하여 전기를 생산하기 시작한 핵발전소의 총 용량은 1.2GW에 달했는데, 같은 해 전 세계에 새로 설치된 태양광 발전소는 32GW, 풍력은 45GW였다. 전기 생산량을 비교해보면, 2012년에 풍력으로 생산되는 전기 생산량이 2000년에 비교해서 500TWh, 태양광은 100TWh 각각 증가했는데, 핵발전소에서 생산되는 전기는 100TWh가 줄어들었다. 이는 다음 표에서 보는 것처럼 투자액에도 반영되고 있다.

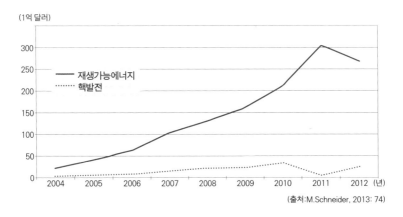

재생가능에너지와 핵발전 투자 추이

(출처:M.Schneider, 2013: 74)

이상의 통계 수치가 보여주는 것은 원자력 발전을 이용하고 있는 국가들은 총 유엔 소속 국가 193개국 중 16퍼센트인 31개국에 한정되어 있다는 것이다. 그리고 이 국가들 중에서도 5개 국가에 집중되어 있으며, 신규로 건설되는 발전 설비들은 원전보다는 재생가능에너지 설비들이 대다수를 차지하고 있다는 점이다. 새로이 성장하고 있는 시장은 재생가능에너지 시장인 것이다.

핵발전의 사회적
공평성

핀란드의 에우라요키는 2001년 고준위 폐기물 처분장을 건설하기로 주민들과 합의하고 2020년 완공을 목표로 건설 중에 있다. 이 건설 과정을 담은 한 다큐멘터리 영화에서 우리는 핵발전 기술이 10만 년이라는 긴 시간에 걸쳐 있다는 점, 이 긴 시간 동안 방사성 폐기물을 안전하게 보관한다는 것이 사회적으로 어떤 문제를 야기할 수 있는지, 혹은 언어와는 어떤 연관이 있을 수 있는지 등을 생각하게 된다. 방사능 물질의 방사능이 인간에 해를 입히지 않을 정도가 되자면 10만 년 동안 고준위 폐기물 처분장이 외부의 충격이나 습격을 당하지 않고 잘 보관, 유지되어야 한다. 그런데 10만 년이면 핀란드어를 비롯한 현재의 세계 공용어인 영어, 이미지 상징어도 사라지거나 변형될 수 있다. 그러면 10만 년 동안 이 처분장이 위험하니 격리 보호해달라는 메시지를 어떻게 후손들에게 대대로 전해줄 수 있을 것인가?

이 논의가 보여주듯이 핵발전 기술은 당장의 전기 사용으로 이득을 보는 세대가 그 기술로 인한 폐해에 대한 책임을 질 수 없는 구조를 지니고 있다. 값싼 전기로 생산된 각종 물질문명을 현세대가 누리기 위해 미래세대에 방사능 오염의 유산을 남겨주는 세대 간 불평등한 기술인 것이다. 1987년 브룬트란트보고서가 발간되면서 지구촌은 경제 발전을 위해 다음 세대가 누릴 깨끗한 환경을 현세대가 파괴하고 있는 사실을 경고하고 현세대가 미래세대에 대한 책임을 지는 '지속 가능 발전'에 주목한 바 있다. 핵발전 기술은 바로 이런 지속 가능성에 반하는 기술인 것이다. 핵발전 과정에서 이산화탄소가 발생하지 않아 지구온난화에 대응할 수 있게 해준다는 점에서 핵발전을 지속 가능 발전 기술에 포함시켜야 한다고 주장하는 사람도 있다. 그러나 이산화탄소 발생을 막는 대신 10만 년이나 지속되는 방사성 폐기물을 양산하여 세대 간 불평등을 지속적으로 조장하게 된다. 이런 기술을 지속 가능하다고 할 수 있을 것인가?

핵발전은 기술적 특성상 냉각수가 풍부한 곳이면서 사고 위험으로 인해 인구밀도가 높지 않은 곳에 위치해야 한다. 게다가 막대한 시설비로 인해 작은 규모로 세우는 것은 경제적이지 않아 대규모 시설을 지향한다. 이런 거대 기술적 특성은 발전소가 특정 지역에 밀집되도록 하고 또한 소비 지역에서 멀어지게 한다. 이런 중앙집중적 대량 생산 방식의 전기 시스템은 원거리 소비지까지의 송전망을 필수적으로 만든다. 국내의 경우에는 경남 해안가와 전남 해안가로 원전 단지가 조성되게 되었고 여기서 생산된 전기를 주요 수요처인 서울, 경인 지역으로 송전하기 위해 765kV, 345kV 고압송전선이 전국

수도권으로 집중되는 원전단지의 초고압송전망

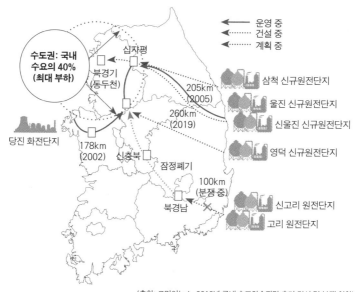

토를 가로질러 가설되었다. 이 과정에서 핵발전소가 들어선 부지 주변의 주민들은 수도권 소비자들과 달리 사고 위험에 크게 노출되게 된다. 또한 고압 송전선이 지나는 곳에서도 주민들은 부동산값 저하, 전자기장으로 인한 건강상 위험을 걱정해야 하는 불이익을 당하게 된다. 밀양 송전탑을 둘러싼 사회 갈등은 중앙집중적인 원전에 의존한 전기 생산 방식에서 비롯되고 있다고 할 수 있다. 수도권 소

비자와 원전 주변 주민들 간의 불평등을 강화하는 핵발전을 지속하는 것이 사회적으로 바람직한 것일까?

핵발전 사고가 주는 메시지

후쿠시마 사고가 발생한 직후 독일, 스위스, 벨기에 등 유럽 국가와 대만에서는 현재 가동 중인 핵발전소들을 단계적으로 폐쇄해나가고 핵발전을 재생가능에너지로 대체해나간다는 계획을 발표한 바 있다. 한국의 경우, 국내 자원 부족과 핵발전의 경제성을 이유로 핵발전 중심의 에너지 정책을 유지하고 있다. 앞서 보았듯이 핵발전 사고는 사고 예방이 어려운 특성을 갖고 있고, 더구나 그 사고의 영향은 당대에만 한정되고 있지 않다. 그리고 핵발전 사고로 인한 사후 처리 비용, 사회적 비용 등을 고려하면 핵발전이 결코 경제적이지 않음도 입증되고 있다. 핵에너지가 차지하는 에너지 상의 위상에서도 핵발전이 전체 에너지 공급에서 차지하는 비중은 4퍼센트에 달할 뿐이다. 이 비중은 전 세계적으로 에너지 효율 증가를 통해 보충될 수도 있을 것이다.

핵에너지의 미래를 생각해보는 일은 이와 같이 세계에서 실제로 이용되고 있는 핵발전 현황, 원자력에 숨겨진 비용, 원전 발전 시작과 더불어 계속되고 있는 안전 문제, 핵발전에 수반되는 세대 간, 지역 간 불평등 강화라는 문제들을 종합적으로 고찰해보는 일이라고 할 수 있다. UN 산하 국가들 중에서 핵에너지를 이용해 전기를 생산하는 국가는 현재 31개국에 불과하다. 한국의 경우는 전력 생산에서 핵발전이 차지하는 비중이 34퍼센트로 상대적으로 높지만 에너지 효율을 높여서 생산에 들어가는 전기를 줄이면 23기의 원자력, 아니 앞으로 계획된 핵발전을 줄일 수도 있다는 사실에 주목해보자.

우리는 1인당 GNP에 비해 전기 소비가 높은 국가에 해당한다. 원전 안전 설비들이 점차 강화되고 우라늄 연료 고갈이 우려되면서 핵발전 전기가 지금처럼 낮게 유지되지 못한다는 점에도 주목해야 한다. 아울러 원전 사고의 역사는 어떤 기술적, 조직적 노력에도 불구하고 원전 사고를 0으로 만드는 일은 불가능함을 보여준다. 결국 원전을 유지하는 한 안전 규제, 안전 훈련을 강화하고 사고가 일어날 경우를 대비한 비상계획 등을 현실에 맞게 정비하고 강화해야만 하는 것이다.

여기서 한걸음 나아가 탈핵을 선언한 국가들처럼 원전을 아예 폐쇄하여 안전 사회를 만드는 장기적인 방안을 고려해볼 수도 있다. 그리고 마지막으로 세대 간 지역 간 불평등을 야기하고 사회적 갈등으로 인한 사회적 비용을 양산하는 원전 기술 의존을 유지할 것인가도 좀 더 신중하게 고려해보아야 할 것이다. 원전과 달리 방사능 오염 문제도 사회적 갈등도 상대적으로 덜 유발하는 태양광, 풍력 기술을 이용하는 국가들이 늘어나고 있다는 점을 생각하면, 원전에 대한 대안이 없는 것이 아니다.

| 불확실한 시대의 과학 읽기 |

핵폐기물 관리의 문제를
어떻게 해결할 수 있을까?

- 고준위 핵폐기물의 관리와 사회적 공론화 논쟁

이영희

이영희

연세대학교 사회학과를 졸업하고 동대학원에서 박사학위를 받은 뒤 과학기술정책연구원 선임연구원을 거쳐 현재 가톨릭대학교 사회학과 교수로 재직하고 있다. 한국과학기술학회와 비판사회학회 회장을 역임했으며, 환경운동연합 부설 시민환경연구소 소장을 맡고 있다. 과학기술과 사회, 과학기술에 대한 민주적 통제, 전문성의 정치와 과학기술 시티즌십 등이 주요 연구 관심 주제이다. 지은 책으로는 『포드주의와 포스트포드주의』 『과학기술의 사회학』, 『과학기술과 민주주의』, 『통섭과 지적 사기』(공저) 등이 있으며, 옮긴 책으로는 『과학과 사회운동 사이에서』(공역)가 있다.

제2차 세계대전이 종료되자 원자폭탄을 가능케 했던 원자력이 전기를 생산해내는 기술로 일부 전환되면서 원자력발전소가 세계 곳곳에 건설되었다. 그런데 원자력발전의 초창기만 해도 기술적 낙관주의가 팽배하던 시기였기 때문에 과학기술자들은 향후 원자력발전의 필수적인 부산물이자 위험한 독성물질인 핵폐기물을 안전하게 처분하는 데 아무런 문제가 없을 것이라고 예측했다. 그러나 핵폐기물은 독성이 오래 지속된다는 점에서 기본적으로 위험의 불확실성을 내재하고 있는 물질이므로 핵폐기물의 안전하고 안정적인 관리는 그렇게 단순한 문제가 아니었다. 그 결과 원자력발전소가 가동되는 많은 나라들에서 원자력발전소만이 아니라 거기서 나오는 독성 핵폐기물의 관리를 둘러싸고 사회적 갈등들이 폭발하곤 했다. 우리나라에서도 핵폐기물 처분장 부지 선정과 관련하여 굴업도 사태, 안면도 사태, 부안 사태 등 수많은 사회적 갈등들을 겪은 바 있다. 현대사회에서 일부 거대기술이 위험을 일상적으로 재생산함에 따라 사회 구성원들 사이에 그 기술의 민주적 통제와 재구성을 위한 쟁투가 격화되고는 하는데, 핵폐기물이 대표적인 갈등적 기술의 하나로 등장한 것이다.

일반적으로 특정한 과학기술의 통제를 둘러싸고 벌어지는 기술 정치는 전문가주의와 민주주의의 대립구도로 전개된다. 과학기술이 기본적으로는 전문성의 논리에 의해 지배되어야 한다고 보는 입장이, 사회 구성원들은 자신의 삶에 영향을 미치는 중요한 의사결정에 참여할 권리를 가진다고 하는 민주주의의 기본 원리와 충돌하기 때문이다. 설혹 일반 시민들에게 참여의 장이 제공된다고 해도 과연 과학기술적 전문성이 결여된 일반 시민들이 실제로 과학기술적 의사결정 과정에 참여할 수 있겠는가? 비록 일반 시민들의 삶에 중요한 영향을 미친다고 해도 과학기술 관련 공공정책에 대한 결정을 전문성이 중시된다는 이유로 과연 전문가들에게 모두 맡기는 것이 바람직한가?

핵폐기물이란?

1939년에 핵분열 현상이 발견된 직후 우라늄의 핵분열로부터 에너지를 추출하려는 노력이 시작되었는데, 이것이 바로 원자력발전의 출발이었다. 우라늄 원자의 붕괴현상인 핵분열은 엄청난 열을 동반하고 이 열이 증기를 발생시켜 터빈을 돌리면 터빈은 발전기를 돌려 전기를 생산하게 된다. 물론 당시 과학자들이 핵분열을 시도했던 일차적인 동기는 핵무기를 개발하려는 군사적 목적에서였다. 우라늄이 핵분열을 일으키게 되면 그 부산물로 새로운 원소인 플루토늄이 생성되는데, 이것이 바로 핵무기 내의 폭발물질로 사용될 수 있기 때문이다.

제2차 세계대전이 끝나자 미국은 1953년에 "평화를 위한 원자력(Atoms for peace)"이라는 제안을 통해 핵에너지를 상업적으로 이용할 수 있는 길을 열었다. 이에 따라 1956년에 세계 최초로 영국에 있는 콜더 홀 원자로가 상업발전을 시작했고, 이어 원자력발전은 많은 나라들로 확산되었다. 그런데 문제는 원자력발전이 필연적으로 핵폐기물을 그 부산물로 낳게 된다는 사실이다. 핵폐기물은 인간과 자연환경에 극도로 위험한 방사능을 뿜어내기 때문에 생물권으로부터 영구히 안전하게 격리되어야 한다. 핵폐기물은 "방사성 핵종의 농도가 규정치 이상 함유 또는 오염되어 있는 물질로서 폐기대상이 되는 것"을 말하는데, 일반적으로는 방사능 농도에 따라 저 · 중 · 고준위 폐기물로 분류되며 기준은 국가마다 다르나 대부분의 국가에서는 국제원자력기구(IAEA)와 같은 국제기관의 권고사항을 기준으로 하여 각국의 규제당국이 규정하고 있다.

통상적으로 중·저준위 핵폐기물(원전에서 발생하는 작업복, 장갑, 덧신, 각종 폐부품 따위)은 처분 후 300년 정도 지나면 대부분의 방사능이 안전한 수준으로 떨어지는 데 반해, 고준위 핵폐기물은 최소한 10만 년 정도를 기다려야 하기 때문에 고준위 핵폐기물의 처리는 중·저준위의 그것에 비해 훨씬 더 어렵다고 한다. 따라서 핵폐기물은 현 세대에 의해서 만들어진 것이지만 현 세대의 문제로 끝나는 것이 아니라 미래의 모든 세대에 해를 가할 수 있는 문제이며, 비록 지층 깊은 곳에 처분한다고 해도 그 지층 자체의 움직임을 장기적으로 예측하는 것이 매우 어렵기 때문에 언제 어떻게 될지 모르는, 불확실성이 높은 문젯거리라고 할 수 있다. 특히 고준위 핵폐기물이 가장 심각한 문제를 일으킨다. 국제원자력기구는 사용후핵연료의 재처리에서 침출된 고준위 폐액 및 폐기되는 사용후핵연료 또는 이것들과 동등하게 강력한 방사능을 띠는 핵폐기물을 고준위 핵폐기물로 정의하고 있다. 사용후핵연료는 새 연료를 원자로에서 약 3~4년을 태우고 꺼낸 것을 말한다. 따라서 사용후핵연료를 재처리하지 않을 경우에는 사용후핵연료는 모두 고준위 핵폐기물이 된다. 사용후핵연료는 독성이 매우 강해 최소한 10만 년 이상 인간생활권으로부터 격리 처분되어야 한다고 알려져 있다.

핵발전소를 운영하고 있는 나라들은 지난 수십 년 동안 바로 이 고준위 핵폐기물의 안전한 관리문제 때문에 골머리를 앓아왔다. 과연 인류가 지금까지 감당해본 적이 없는 10만 년이라는 장구한 시간 스케일을 염두에 두면서 치명적 독성을 가진 사용후핵연료를 안전하게 관리하기 위한 의사결정은 어떻게 이루어져야 하는가? 그러한 의사결정에는 누가 참여해야 하고, 의제는 얼마나 확장될 수 있는가?

핵폐기물 관리를 둘러싼
사회갈등

1978년에 제1호 핵발전소를 가동하기 시작한 한국은 현재 24기의 핵발전소를 보유하고 있다. 이들이 생산하는 전력은 전체 전력의 35퍼센트 정도를 차지하고 있고, 설비용량 기준으로 보면 현재 세계 5위에 달하고 있을 정도로 한국은 핵발전 강대국의 반열에 올라와 있다. 그러나 문제는 이들 핵발전소가 독성이 강해 인체에 위험한 핵폐기물을 끊임없이 생산해내고 있지만, 그것을 안전하게 관리하는 게 쉽지 않다는 점이다. 이를 말해주듯 정부는 무려 20년 남짓 핵폐기물 처분장 부지 선정에 어려움을 겪다가 2005년에야 경주를 중·저준위 핵폐기물 처분장 부지로 선정하는 데 가까스로 성공했다.

한국 정부의 핵폐기물 처분장 입지 정책은 중·저준위와 고준위 핵폐기물을 한꺼번에 유치할 수 있는 지역을 찾고자 하던 통합적 방식을 고수하다가 부안 사태를 거치면서 2004년 말을 기점으로 중·

저준위와 고준위 핵폐기장을 분리하는 새로운 정책으로 선회하게 되었다.

정부 차원에서 사용후핵연료에 대한 관리방침이 처음으로 표명된 것은 1986년도였다. 1986년에 정부는 '원자력위원회'를 신설하고 전국을 대상으로 핵폐기물 처분장 부지 선정을 위한 문헌 및 현지조사를 실시하고 경북 울진, 영덕, 영일 3곳을 후보지로 지정했다. 원자력연구원은 이 지역 중 한 곳을 선정해 동굴처분방식의 중·저준위 핵폐기물 처분장과 사용후핵연료 중간저장시설을 입지하도록 계획했지만 부지 지질조사 시행 중 주민반발로 인해 1989년에 최종적으로 무산되었다.

1990년에 들어와 정부는 안면도에 사용후핵연료 중간저장시설을 연구소의 일부 시설로 개념화한 '제2원자력연구소' 건립을 추진했지만 곧 주민들의 격렬한 반대에 직면하여 1991년에 결정을 철회했다. 이에 따라 정부는 1993년 11월에 '방사성폐기물관리사업촉진및그시설주변지역지원에관한법'(일명 방촉법)을 제정하고 부지선정을 위한 사전주민협의절차 및 시설지역에 대한 지원을 법률로 약속하기에 이르렀다. 이 지원법을 근거로 양산과 울진 지역을 유치 후보 지역으로 지정했으나 이번에도 군의회의 반대로 무산되었다.

정부는 다시 1994년 6월에 국무총리를 위원장으로 하는 '방사성폐기물관리사업위원회'를 결성하고 과거 제안된 지역 등 10개 지역을 대상으로 주민 수용성을 중시하여 인천시 옹진군 덕적면 굴업도를 부지로 선정했다고 발표했다. 굴업도에 사용후핵연료 중간저장시설을 짓되, 습식저장시설을 2001년 12월 말까지 총 3,000톤 규모로, 건식저장시설을 1999년 12월 말까지 400톤 규모로 준공할 것을 의결했다. 그러나 이 역시 주민들의 강력한 반발에 부딪히게 되었고 결정적으로 지질조사 중 활성단층이 발견되면서 지정고시가 해제되었다.

1997년 1월에 열린 제245차 원자력위원회는 핵폐기물 처분장 사업 주관부서를 과기부에서 산자부로 변경하고 사업 주관기관 역시 한국전력으로 바꾸기로 결정했다. 같은 해 6월에 열린 제247차 원자력위원회는 사용후핵연료에 대해 국가정책 결정 시까지 중간저장을 원칙으로 하고 규모, 방식 등은 충분히 검토해 결정하며, 그때까지 원전별로 부지 내에 임시 저장키로 의결했다.

1998년 9월에 열린 제249차 원자력위원회는 '방사성폐기물관리대책'을 의결하고 사용후핵연료는 소내 저장능력을 확충(원전별로 조밀저장대 설치, 동일부지 내 원자로 간 운반저장, 원전 부지 내 건식저장시설 추가설치 등)하여 2016년까지 각 원전의 부지 내에서 관리하되, 중간저장시설이 건설된 후에는 사용후핵연료를 단계적으로 이송하여 집중 관리하기로 결정했다. 한편, 10만 드럼 규모의 중·저준위 방사성폐기물 처분시설을 2008년에 건설하고 2,000톤 규모의 사용후핵연료 중간저장시설을 2016년까지 건설할 것을 계획했다. 또한 유치공모 또는 사업자 주도의 부지 선정 방식에 대한 가능성을 모두 열어놓았다.

2001년부터는 핵폐기물 처분장 부지 선정이 사업자 주도 방식으로 바뀌게 되었다. 아울러 2003년 2월에 출범한 참여정부는 부지 선정과 관련하여 새로운 절차를 발표했다. 자율유치 신청에 의한 부지 공모 방식으로의 변경이 그것이다. 또한 그해 4월 정부는 담화문을 통해 유치 지역에 제공할 막대한 인센티브를 발표했는데, 그 내용은 핵폐기물 관리시설 사업과 양성자가속기 사업을 연계하여 추진하고, 유치 지역에 한국수력원자력 본사를 이전하며 3,000억 원 이상의 지역 지원금에 대한 사용 용도를 지자체가 스스로 결정할 수 있도록 하며, 각 부처별로 지역 지원 사업을 발굴하는 등 지역 숙원사업 해결에 적극 나서겠다는 것이다.

이러한 상황에서 7월에 부안군수가 지역주민들의 반대에도 불구하고 핵폐기물 처분장 유치를 신청함으로써 '부안 사태'라고까지 불릴 정도의 엄청난 사회갈등을 유발하게 되었다. 부안 사태는 2004년 2월 14일에 실시된 부안 지역주민들의 주민투표로 일단락 지어졌다. 부안 사태를 거치면서 정부는 그해 12월에 부지 선정 보완방침을 발표하게 된다. 즉 주민유치청원, 예비신청, 주민투표, 본신청, 부지 선정이라는 절차를 거치도록 한 것이다. 이는 해당 지역 주민들의 수용성을 절대적으로 중시할 수밖에 없게 된 상황을 반영한 것으로 보인다.

아울러 정부는 2004년 12월 원자력위원회 제253차 회의를 통해 중·저준위 핵폐기물의 처분과 고준위 핵폐기물의 처분을 분리하여 그 저장시설을 이원화하기로 결정했다. 그 결과 2005년에 정부는 오랜 숙원 사업이던 핵폐기물 처분장 부지를 선정하는 데 일단은 '성공'하게 되었다. 중·저준위 핵폐기물 처분장 유치를 신청한 군산, 영광, 울진, 경주의 네 곳 지역에서 실시된 주민투표를 통해 가장 높은 찬성률을 기록한 경주가 부지로 선정된 것이다. 비록 부지 선정 과정에서 주민들 간 갈등의 골은 매우 깊어졌지만, 이러한 '성공'을 가져온 핵심적인 요인으로는 엄청난 액수의 특별지원금 제공과 더불어 정부가 새롭게 들고 나온 중·저준위와 고준위 핵폐기물 처분장 분리 정책을 들 수 있을 것이다.

앞에서 살펴본 바와 같이 사용후핵연료와 같은 고준위 핵폐기물은 중·저준위 핵폐기물과는 비교가 안 될 정도로 위험도가 높은 독성 물질이다. 이는 향후 고준위 핵폐기물 관리정책 결정과 처분장 입지 선정을 둘러싼 사회갈등이 중·저준위 핵폐기물과는 비교할 수 없을 정도로 높게 될 것이라는 예상을 가능케 한다. 핵발전 정책을 결정하는 정부의 최고 의사결정기구인 원자력위원회가 2004년 말에 개최된 제253차 회의에서 "중간저장시설 건설 등을 포함한 사용후핵연료 관리방침에 대해서는 국가정책 방향, 국내외 기술개발 추이 등을 감안하여 중장기적으로 충분한 논의를 거쳐 국민적 공감대 하에서 추진"하겠다고 공표하게 된 것은 이러한 이유 때문이었다. 다시 말해 고준위 핵폐기물 관리정책은 더 이상 예전처럼 밀어붙이기식으로 추진하지 않고 국민들의 이해와 참여 속에서 진행하겠다는 의지를 천명한 것이다.

고준위 핵폐기물의 사회적 공론화 논쟁

이러한 결정에 따라 당시 '참여정부'를 표방하고 있던 노무현정부는 이전의 관행과는 달리 2006년에 대통령을 위원장으로 하여 설립된 '국가에너지위원회'에 시민사회단체 인사들도 포함시킴으로써 갈등이 잠재된 에너지 문제의 경우 시민사회까지를 포괄하는 참여적 거버넌스의 방식으로 정책을 결정하겠다는 의지를 내보였다. 그 일환으로 2007년 4월에 국가에너지위원회 산하에 사용후핵연료 관리정책의 공론화를 준비하기 위한 태스크포스가 만들어졌다. 여기에는 핵폐기물 전문가(3인), 시민사회단체 인사(4인), 핵폐기물산업 인사(2인), 인문사회학계 인사들(3인) 12명이 참여했다. 이 사용후핵연료 공론화 태스크포스는 약 1년 동안의 토론과 학습, 현장방문 등을 거쳐 2008년 4월에 사용후핵연

료 관리방안의 공론화를 위한 정책권고안을 발표했다. 당시 태스크
포스는 이미 2000년대 초반부터 핵폐기물관리정책 결정과정에 대중
및 이해관계자 참여 프로그램을 광범위하게 진행하고 있던 영국의
방사성폐기물관리위원회(CoRWM)가 지향했던 참여적 접근법◆을
적극적으로 수용하고자 했다.◆◆

그리하여 태스크포스가 제출한 정책권고안은 핵폐기물 관리에 대
한 기존의 관료와 전문가 중심의 밀어붙이기식 접근방식의 한계를
지적하고 다양한 분야의 전문가들과 공무원, 정치가, 그리고 시민의
참여를 활성화하는 열린 공론화라는 새로운 접근방식을 고준위 핵
폐기물 관리의 기본원칙으로 천명하게 되었다. 아울러 권고안은 정

◆　　　　　1990년대 말까지 핵폐기물 문제로 인해 심각한 사회갈등을 겪었던 영국 정부는
2003년에 정부로부터 독립된 방사성폐기물관리위원회(CoRWM)를 만들고 이들로 하여금 대
안을 강구하도록 했다. CoRWM은 기존의 기술관료주의적인 폐쇄적인 접근법을 버리고 보다
많은 이해관계자들과 시민들이 핵폐기물 관리정책의 결정과정에 참여할 수 있도록 하는 참여
적 접근법을 활용하여 권고안을 작성했고, 영국 정부는 이를 수용했다. 영국에서 CoRWM에 의
해 진행된 핵폐기물 공론화 작업에 대한 보다 자세한 내용은 이영희, 『과학기술과 민주주의』(문
학과지성사, 2011)를 참고하기 바란다.
◆◆　　　　　물론 사용후핵연료 관리를 위한 공론화 과정에 영국의 CoRWM이 했던 것처럼
전문가만이 아니라 일반 시민까지 참여시키는 것이 과연 바람직한가를 둘러싸고 태스크포스
내부에서도 처음에는 찬반양론이 치열하게 대립했지만 시간이 가면서 대체로 참여 확대가 필
요하다는 쪽으로 분위기가 수렴되어갔다. 그러한 의견수렴의 배경으로는, 당시 태스크포스가
참여정부 하에서 작업을 하고 있었던 점, 그리고 영국에서 CoRWM의 주도 하에 이루어진 핵폐
기물 공론화가 국제적으로도 성공한 '베스트 프랙티스(best practice)'로 평가되고 있었던 점을
들 수 있다.

부로부터 독립적인 위상을 갖는 핵폐기물 전담기관 또는 공론화위원회를 법적 근거 하에 구성하여 핵폐기물 관리방식에 대한 사회적 공론화를 책임지고 추진하도록 해야 한다는 내용도 담고 있었다.

태스크포스의 정책권고안을 받은 정부(지식경제부)는 일단 권고안에 대해 긍정적으로 평가하고 2009년 여름부터 전문가, 지역주민, 일반시민, 정치인 등이 참여하는 사용후핵연료 관리방안에 대한 사회적 공론화를 시작하겠다고 밝혔다. 이를 위해 정부는 우선 지식경제부 고시(2009년 7월 20일)를 통해 '사용후핵연료 관리방안에 대한 공론화 지침'을 공표했다. 지침에서는 공론화를 "특정한 공공정책 사안이 초래하는 혹은 초래할 사회적 갈등에 대한 해결책을 모색하는 과정에서 이해관계자들과 전문가들의 다양한 의견을 민주적으로 수렴함으로써 정책결정에 대한 사회적 수용성을 확보하고자 하는 일련의 절차"라고 정의하고, 사용후핵연료 공론화를 정부로부터 독립적인 위치에서 객관적이고 중립적으로 추진하기 위해 공론화위원회를 두겠다고 밝혔다. 또한 지침은 향후 구성될 공론화위원회가 다양한 이해관계자가 폭넓게 참여할 수 있도록 참여자와 참여프로그램을 구성하고 사용후핵연료 포화시점 및 관리 필요성 검토, 다양한 사용후핵연료 관리 대안 검토, 중간저장으로 결정시 중간저장시설의 입지기준, 운영기간, 부지선정절차, 지역지원방안 등에 관한 사항, 그리고 최종관리방안에 대한 논의시기 등의 사항들을 공론화 과정을 통해 도출해 정부에 권고할 것을 요청했다. 이와 동시에 정부는 원자력 전문가, 시민사회단체 인사, 사회과학자, 언론인 등 총 14인의 공론화위원들을 섭외 완료하고 공론화위원회 사무실 현판식 날짜까지 확정하는 등 공식적으로 공론화 과정을 시작할 준비를 마쳤다.

그러나 정부는 공론화위원회 현판식 및 첫 회의가 예정되어 있던 2009년 8월 6일 갑작스럽게 보도자료를 내고 이미 예정되어 있던 공론화위원회 구성과 운영을 무기한 연기하겠다고 일방적으로 선언했다. 그 대신 "사용후핵연료 관리방안에 대한 공론화 추진과 관련하여 국민들로부터 신뢰성을 확보하고, 사용후핵연료 관리문제의 전문성 등을 고려하여 우선 공론화의 법적인 토대를 마련하는 한편 이와 병행하여 전문가그룹의 연구용역을 추진키로 했다"고 발표하였다. 정부는 사용후핵연료에 대한 일반시민 및 이해관계자의 참여에 기반을 둔 공론화 계획을 무기한 연기하게 된 가장 중요한 이유로 사용후핵연료 관리문제의 전문성 확보가 필요하다는 점을 들었다. 지식경제부는 보도자료를 통해 사용후핵연료 관리문제는 기술적, 전문적인 사항으로서 과학적, 기술적 검토 없이 일반국민을 상대로 공론화가 추진될 경우 불필요한 논란이 증폭될 우려가 있기 때문에 사회적 공론화의 추진을 연기하게 되었다고 주장했다.

그러나 시민사회단체들의 비난에도 불구하고 정부는 2009년 12

월에 산하기관인 한국방사성폐기물관리공단으로 하여금 한국원자
력학회, 한국방사성폐기물학회, (사)그린코리아21포럼 등 주로 핵발
전 관련 기술적 전문가그룹과 핵발전에 우호적인 인사들에 "사용후
핵연료 관리대안 및 로드맵"이라는 이름의 연구용역을 주도록 했다.
그 연구용역 보고서는 2011년 8월에 공표되었다. 이 보고서의 공표
와 함께 정부는 '사용후핵연료 정책포럼'을 구성하고 시민사회단체
쪽에 사용후핵연료 관련 의견 수렴 과정에 위촉할 위원 추천을 요청
했으나 주요 에너지 관련 시민사회단체들은 정부의 요청이 공론화
에 대한 진정성을 결여하고 있다는 판단 하에 집단적으로 보이콧했
다. 이에 따라 정부는 보이콧한 시민사회단체들을 제외하고 정부의
초대에 응한 핵발전소 지역 시의원, 과학기술 전문가, 일부 인문사
회 전문가들로 구성된 '사용후핵연료 정책포럼'을 2011년 11월부터
운영했다. 정책포럼은 2012년 8월에 2024년까지 사용후핵연료 처
분을 위한 중간저장시설을 완공해야 한다는 대정부 권고서를 제출
하고 운영이 종료되었다.

　한편 정부는 2012년 11월 20일에 국무총리 주재로 제2차 원자력
진흥위원회를 개최하여 '사용후핵연료 관리대책 추진계획(안)'을 의
결했는데, 그 골자는 사회적 수용성을 최대한 확보해가면서 사용후
핵연료에 대한 관리대책을 수립하기 위해 2013년 상반기에 공론화
위원회를 구성, 운영하며 지식경제부는 2014년까지 공론화위원회

의 권고사항을 최대한 반영하여 부지선정계획 및 투자계획이 포함된 법정계획인 방사성폐기물관리 기본계획을 수립하고, 2015년부터 동 계획에 따라 부지선정절차 및 건설에 착수하겠다는 내용이다. 정부에 따르면 2013년 구성될 공론화위원회는 정부로부터 독립된 민간 자문기구로서 인문학 및 사회과학, 기술공학, 시민사회계, 핵발전소 지역대표 등으로 이루어져 토론회, 설명회, 공청회 등 다양한 논의프로그램을 통해 대국민 공론화를 추진하게 되며, 논의 주제는 한정되지 않지만 중간저장시설 등 중단기적인 현실적 대안 모색에 집중될 것이라고 한다.

이러한 정부의 발표는 즉각 시민사회단체들의 반박을 불러 일으켰다. 환경운동연합은 성명서를 내고 정부의 사용후핵연료 공론화 계획은 그 진정성을 믿을 수 없다고 하면서 사실상은 사용후핵연료 처분시설 부지를 선정하기 위한 계획이 아니냐고 비판했다. 탈핵법률가모임 역시 사용후핵연료 공론화는 중간저장시설을 건설하겠다는 것이 핵심이라고 지적하면서 중간저장시설 건설에 앞서 핵발전소를 추가로 건설할지 여부를 먼저 공론화해야 한다고 주장했다.

이처럼 공론화 방안을 둘러싼 논쟁이 격화되던 와중에, 새로 집권한 박근혜정부는 2013년 10월 23일에 사용후핵연료공론화위원회를 출범시켰다. 하지만 공론화위원회는 출범 첫날부터 삐걱거리기 시작했다. 출범식 당일 공론화위원으로 위촉된 2명의 환경운동단체

활동가가 공론화위원회의 위원 구성이 지나치게 친원전 쪽으로 편중되어 있으며, 더욱이 위원장으로 호선된 사람은 현재 많은 문제점을 드러내고 있는 경주 방폐장 부지선정에 관여한 사람이므로 받아들일 수 없다는 성명을 발표하고 바로 사퇴 선언을 해버렸기 때문이다. 이들 환경단체 활동가들은 공론화위원회가 사용후핵연료 관리와 관련하여 향후 진지하고 진정성 있게 공론화를 추진할 자세와 능력을 결여하고 있다고 본 것이다. 이 사건을 계기로 많은 주요 환경단체들은 사용후핵연료공론화위원회의 활동이 그 폭과 깊이에 있어서 미진할 뿐만 아니라, 진정성이 결여된 채 정부의 영향권 하에서 움직이고 있다는 의혹과 비판을 제기하게 되었다. 결국 약 20개월 동안 70여억 원의 예산을 쓴 공론화위원회는 2015년 6월에 사용후핵연료 관리에 대한 권고 보고서를 내고 활동을 종료했다. 하지만 공론화위원회가 제출한 이 권고 보고서의 내용이 광범위한 사회적 공론화를 거쳐 만들어지기보다는 소수의 원자력계 인사들의 목소리만 담고 있다는 비판적인 문제제기가 끊이지 않고 있어 사용후핵연료 관리방안을 둘러싼 사회적 갈등이 앞으로도 상당 기간 계속될 것으로 예측된다.

한편 환경단체들은 사용후핵연료와 관련한 정부의 또 다른 움직임에도 주목하고 있다. 그것은 바로 사용후핵연료의 재처리를 위한 시도이다. 교육과학기술부와 한국원자력연구원은 핵발전소에서 나오는 사용후핵연료의 재처리 방식으로 건식의 '파이로 프로세싱 (pyro-processing)'이라는 기술연구에 2000년대 초기부터 집중적인 투자를 해오고 있다. 이들은 파이로 프로세싱 기술은 사용후핵연료 속의 물질을 추출하여 다시 핵연료로 사용하고, 이 핵연료의 사용이 끝나면 또다시 재처리하는 과정을 되풀이함으로서 우라늄 자원의 효율적인 이용이 가능해질 것이라고 주장한다. 하지만 사용후핵연료의 재처리와 관련된 현실적인 장벽은 미국의 허가 없이 한국은 사용후핵연료의 재처리를 할 수 없도록 되어 있는 '한미원자력협정'이다. 사용후핵연료를 재처리할 경우 우라늄과 플루토늄이 나오게 되는데, 플루토늄은 바로 핵폭탄으로 전용될 수 있기 때문에 핵 비확산을 위해 미국이 재처리를 금지하고 있는 것이다. 그런데 1974년에 체결된 기존의 한미원자력협정은 2014년에 만료되기 때문에 다시 새로운 협정이 맺어져야 한다. 이러한 상황에서 정부와 핵과학자들의 일부는 파이로 프로세싱을 할 경우에는 플루토늄을 다른 핵분열 생성물들과 함께 분리하므로 핵무기 원료로의 전용 가능성이 전혀 없으면서도 핵연료를 '재활용(recycling)'할 수 있게 되는 새로운 기술이라는 점을 내세우면서 파이로 프로세싱을 통한 재처리를 할 수 있도록 한미원자력협정을 바꾸려고 애쓰고 있다. 하지만 반핵 단체들은 파이로 프로세싱 역시 핵무장으로 쉽게 연결될 수 있다는 점, 찬성 측 주장과는 달리 재활용률이 매우 낮고 기술 자체의 실현 가능성 역시 매우 낮다는 점들을 들어 파이로 프로세싱을 통한 재처리 주장에 반대하고 있어 이 문제 역시 향후 뜨거운 쟁점이 될 가능성이 높다.◆

핵폐기물 관리 문제가
주는 메시지

지금까지 본 것처럼 한국의 핵폐기물 관리정책은 2003년에 불거진 부안 사태를 거치면서 기존의 강고한 기술관료적 패러다임에 약간의 변화 조짐이 나타났고, 특히 사용후핵연료의 관리체제는 참여적 패러다임에 상당히 근접한 방향으로 나가는 것처럼 보였지만 결국에는 다시 기술관료적 패러다임으로 회귀하고 말았다. 정부는 사용후핵연료에 대한 일반시민 및 이해관계자의 참여에 기반을 둔 공론화 계획을 무기한 연기하게 된 이유로 사용후핵연료 관리문제의 전문성 확보 필요성을 들었다. 왜 갑자기 전문성을 강조하게 되었을까? 바로 그전 해에 미국산 소고기 수

◆　　2015년 5월 15일에 한국과 미국은 새롭게 개정된 한미원자력협정에 서명했다. 새 협정은 논란이 되던 파이로 프로세싱 재처리 관련 기술의 개발은 양국이 그 필요성에 대해 합의하는 경우에 추진할 수 있다는 내용을 담고 있다. 일각에서는 이 내용이 한국의 사용후핵연료의 재처리 경로를 열어준 것이라고 해석하고 있으나, 협정문은 여전히 미국과의 합의 하에서만 재처리 기술의 개발을 추진할 수 있다고 규정하고 있다는 점에서 볼 때 이러한 해석은 지나치게 아전인수 격이라는 반박도 제기되고 있다.

| 불확실한 시대의 과학 읽기 |

입 문제와 관련하여 일반시민들이 대규모로 참가한 촛불시위 때문에 홍역을 치른 바 있던 당시 정부가 일반시민의 참여에 의한 공론화에 대해 정치적으로 크게 부담을 느꼈기 때문이었던 것으로 추측된다.

사실 2008년 초에 새로 집권한 이명박 정부는 그전의 참여정부에 비해 기본적으로 일반시민의 정책참여에 대해 그다지 호의적이지 않은 입장을 취해왔다. 그럼에도 불구하고 참여정부 시절에 결정된, 일반시민의 참여에 의한 공론화를 통해 사용후핵연료 관리체제를 구축하겠다는 정책방향이 정부의 주무 부서에 의해 관성적으로 추진되어왔지만, 구체적인 공론화의 실행 단계로 들어가야 하는 마지막 순간에 2008년 봄 대규모 촛불시위의 부정적 기억이 정부 내에 일반시민의 참여에 기반을 둔 공론화에 대한 회의론을 크게 불러일으킨 것이라고 볼 수 있다. 이는 지식경제부가 발표한 보도자료의 내용을 통해 미루어 짐작할 수 있다. 지식경제부는 "사용후핵연료 관리문제는 기술적, 전문적인 사항으로서 과학적, 기술적 검토 없이 일반국민을 상대로 공론화가 추진될 경우 불필요한 논란이 증폭될 우려"가 있다고 주장했다. 즉 2008년 일반시민들이 대규모로 참가했던 촛불시위가 전문성이 없는 일반시민들이 '광우병 괴담'에 휘둘렸기 때문이었다고 믿고 있는 정부는 사용후핵연료의 관리와 같은 전문적 정책 사안이 일반시민들의 공론화 대상이 될 경우 다시 촛불시위와 같은 혼란이 발생할 가능성이 높다고 보고 전문적 정책 사안은 전문가에게 맡겨야 한다는 기술관료적 입장으로 선회하게 된 것이다. 이렇게 보면 결국 한국에서 핵폐기물 관리체제가 다소 변화의 조짐을 보이다가 끝내 기존의 기술관료적 패러다임으로 회귀하게 된 데는 일반시민의 정책 참여를 부정적으로 바라보는 보수적 정부의 등장이라는 변수가 가장 중요한 역할을 했다고 할 수 있다. 물론 새롭게 조성된 보수적 정치 환경 속에서 환경단체를 포함한 시민사회단체들이 이러한 정부의 기술관료적 방향 선회를 적절하게 제어할 수 없을 만큼 힘이 약화된 것도 한몫을 했다.

그런데, 박근혜정부 들어와서 핵폐기물관리정책에서 다시 한 번 변화가 나타났다. 바로 사용후핵연료공론화위원회의 출범이다. 사용후핵연료 관리를 위한 사회적 공론화를 추진하겠다고 출범하게 된 가장 큰 계기는 아무래도 후쿠시마 원전 사고 이후 증대되고 있는 시민들의 원전 불신이라고 할 수 있으며, 보다 현실적으로는 각 원전 부지에 임시적으로 저장되어 있는 사용후핵연료가 거의 포화 상태에 도달하고 있기 때문에 시급히 그 관리 방안을 마련해야 한다는 이유도 한몫 했을 것으로 판단된다. 하지만 앞에서 살펴본 바와 같이 공론화위원회는 출범 첫날부터 삐걱거리기 시작했고, 시민사회로부터 "반쪽짜리 위원회"라고 비판을 정도로 사회적 신뢰를 얻고 있지 못하기 때문에 과연 사회적 공론화를 잘 수행할 수 있을지에 대한 우려가 높았다. 시민들로부터 신뢰받지 못하는 공론화 기구가 사회적 공론화를 제대로 수행할리 없기 때문이다. 결국 많은 이들이 우려한 바와 같이 공론화위원회는 별 다른 성과 없이 그 활동을 종료하게 되었다. 이러한 점에서 판단해보면 향후 고준위 핵폐기물(주로 사용후핵연료) 관리 방안 및 그와 관련된 사회적 공론화를 둘러싼 논쟁은 더욱 격화될 가능성이 높다고 할 수 있겠다.

이 글은 이영희, 『과학기술과 민주주의』(문학과지성사, 2011)에 실려 있는 "핵폐기물 관리체제의 국제비교" 중 한국 관련 내용을 최근의 상황까지 반영하여 수정·보완한 것이다.

불확실한 기후과학 위에 차려진
탄소시장의 정체는?

- 기후변화의 대처 방안을 둘러싼 논쟁

·············

한재각

한재각

'정의로운 전환을 위한 에너지기후정책연구소'의
부소장으로 일하고 있다. 참여연대 시민과학센
터, 민주노동당 정책연구원, 그리고 녹색당 공동
정책위원장으로도 일했다. 국민대학교에서 「한
국 에너지정책과 전문성의 정치: 에너지 모델링
의 사회학」 논문으로 박사학위를 받았다. 탈핵에
너지전환과 전환이론, 에너지기후정책의 비판적
분석, 에너지 시나리오와 지역에너지계획, 에너
지 시티즌십 등에 관심을 가지고 연구하고 있다.
지은 책으로 『에너지 전환과 에너지 시민을 위
한 에너지 민주주의 강의』(공저), 『한국의 사회문
제』(공저), 『세계의 정치 경제』(공저) 등이 있다.

기후변화 문제를 다루기 위한 국제적인 협력의 필요성이 제기되고 발전할 수 있었던 중요한 동력 중에 하나는 과학자들의 기후변화에 대한 연구 활동과 성과물이었다는 주장이 널리 받아들여지고 있다. 무엇보다도 기후변화에 대한 정부간 패널(IPCC)의 역할이 크게 주목받고 있다. 특히 IPCC가 5년마다 발표하는 보고서는 과학적 권위를 인정받으면서, 유엔기후변화협약(1992), 교토의정서(1997), 발리 로드맵(2007) 등의 국제협상에 성공하는 데 과학적 근거와 맥락을 제공했다. 그런 인식 탓에 2007년에 엘 고어 미국 전 부통령과 함께 노벨 평화상을 수상하기도 했다. 그러나 기후변화에 관한 과학 지식은 여전히 많은 불확실성을 가지고 있으며 이를 완전히 제거하는 것도 불가능한 일이다. IPCC의 보고서에서는 과학적 불확실성을 인정하고 그에 대해서 별도로 다루고 있을 정도다. 이 글은 기후과학의 불확실성에도 주목하지만, 그렇다고 기후변화를 부정하는 일부 회의론자들처럼 불확실성을 강조하여 기후정책과 행동의 필요성과 긴박성을 부정하려는 것은 아니다. 오히려 반대다. 기후변화에 대한 국제협상과 각국의 기후정책들은 그러한 불확실성에도 불구하고 '사전 예방의 원칙'에 의해서 정당화할 수 있고, 또한 그래야 한다고 믿는다. 그러나 현재와 같이 특정한 정책 접근(특히, 시장주의적 접근) 속에서 기후과학의 불확실성이 다루어지는 방식에 대해서는 비판적으로 살펴볼 필요가 있다는 점을 강조하고자 한다.

이 글에서는 온실가스를 배출할 수 있는 권리를 상품화하여 거래하는 '탄소시장'의 출현 속에서 기후과학의 불확실성이 어떻게 다루어지는지를 두 가지 사례〔지구온난화 지수(Global Warming Potential, GWP)와 흡수원 개념〕를 통해서 검토해보려고 한다. 탄소시장은 1997년에 채택된 교토의정서를 통해서 공식적으로 등장할 수 있게 되었다. 이 의정서는 2012년까지 선진국을 중심으로 한 '부속서I' 국가들이 1990년 대비 −5.4퍼센트까지 온실가스 배출량을 감축하도록 의무를 부여하는 한편, 이들 국가들에게 감축 의무 달성에 유연성을 부여한다는 명분으로 배출권을 거래할 수 있는 시장 메커니즘을 도입했다. 이산화탄소뿐만 아니라 이산화질소(N_2O), 메탄(CH_4), 그리고 인공적인 화학물질은 수소불화탄소(HFCs), 과불화탄소(PFCs), 6

| 불확실한 시대의 과학 읽기 |

불화황(SF$_6$)을 교토의정서 상에서 온실가스로 규정하는 한편, 배출권거래제(Emission Trading, ET), 청정개발체제(Clean Development Mechanism, CDM)와 같은 제도를 도입하여 선진국 간(ET), 혹은 선진국과 후진국 간(CDM)에 온실가스 감축량(배출권)을 거래할 수 있도록 만든 것이다. 또한 교통의정서는 산림의 '흡수원' 기능도 인정하여 개도국에서 이루어지는 신규조림(새롭게 숲을 조성하는 행위) 및 재조림(황폐화 숲을 다시 조성하는 행위)에 대해서 배출권을 부여했다(Afforestation, Reforestation CDM, AR-CDM: 탄소배출권 조림). 대기 중의 이산화탄소를 나무/숲이 흡수함으로써 이산화탄소 농도를 낮출 수 있다는, 광활한 숲을 가지고 있는 일부 국가들의 주장을 수용한 것이다.◆

그러나 교토의정서 상의 탄소시장이 성립하기 위해서는 다양한 온실가스 감축량을 시장 거래를 위해서 동일한 기준으로 평가할 수 있어야 하며, 산림을 통해서 얻을 수 있는 이산화탄소 흡수량을 정확히 측정해낼 수 있어야 가능한 일이다. 다음에서 살펴보겠지만,

---

◆　　　이처럼 기후변화 국제협상 과정에서 이산화탄소 이외에 다른 모든 온실가스를 모두 포괄해야 하며, 배출원뿐만 아니라 흡수원도 모두 포괄해야 한다는 주장을 '포괄적 접근(Comprehensive approach)'이라고 불렀다. 1980년대 말부터 미국은 기후변화에 관한 국제협약이 포괄적인 접근을 취해야 한다고 주장하고, 이를 유엔기후변화협약과 교토 의정서로 일단락된 일련의 국제협상 과정에서 관철시켰다(Stewart, R. B. and J. B. Wiener, 1992; Shackley, S. and B. Wynne, 1997)

그와 관련된 과학적 지식은 대단히 불확실했으며, 그것을 완전히 제거하는 것은 대단히 어려운 상황이었다. 탄소시장은 그러한 불확실성을 특정한 방식으로 잠정적으로 처리하고 관리함으로써 성립할 수 있었다. 하지만 그런 불확실성의 처리와 관리 방식이 계속 효과적으로 유지될 수 있는지는 장담하기 어려우며, 만약 그렇지 못한다면 탄소시장의 토대가 근본적으로 무너질 위험에 직면하게 될 것이다.

다양한 온실가스는
왜 비교되어야 하는가

1980년대 중반부터 지구온난화를 야기하는 기체로서 이산화탄소 이외의 다른 온실 기체들을 고려하기 시작하면서 해결해야 할 새로운 문제가 등장했다. 즉 온난화를 시킬 수 있는 능력(복사강제력)이나 대기 중에서 온실가스가 분해되지 않고 생존하는 기간(생존기간) 등이 상이한 여러 온실가스를 서로 비교할 필요가 제기된 것이다(Smith, K R. and D R Ahuja, 1990; Lashof, D. A. and Dilip R. Ahuja, 1990; Smith, K. R., 1991). 왜 여러 온실가스들이 비교되어야 한다는 생각이 부각되었을까? 온실가스 감축에 관한 의사결정을 할 경우, 비용효과적인 선택을 위한 정책도구의 필요성이 제기된 탓이다. 즉 온실가스 배출에 영향을 주는 기술, 에너지 정책의 선택에 따른 효과 등을 비교할 수 있어야 한다는 것이다. 예를

불확실한 시대의 과학읽기

들어, 쓰레기 매립장에서 발생하는 메탄을 태워서 전기를 생산하는 시설을 도입한다고 했을 때, 그 과정에서 배출되는 이산화탄소의 배출량과 그렇지 않았을 때 배출되는 메탄의 양의 지구온난화 능력을 비교하여 이 프로젝트가 지구온난화 효과를 낮출 수 있다고 정당화되어야만 하는 것이다(Smith, K R. and D R Ahuja, 1990, p.1~2). 한편 1990년대 초반에는 국제적 협상 과정에서 개별 국가들의 기후변화에 대한 책임의 크기를 따져 묻는 데 이런 비교 방법이 사용되기도 했다. 각국의 자연적, 사회경제적 조건에 의해서 다양한 종류의 온실가스를 배출하는 양상이 상이한 상황에서, 이를 하나의 기준을 통해서 통일적으로 비교할 필요가 있었던 것이다(WRI, 1990). 그리고 무엇보다도 교토의정서가 채택된 이후에는 다양한 온실가스의 감축량을 하나의 기준으로 통일하여 거래할 수 있는 토대도 필요했다.

GWP는 어떻게 계산되는가 : 온실가스 생존기간의 정치학

현재 국가 간 협상 및 개별 국가의 정책을 위해서 사용되는 온실가스 간의 비교 방법으로 IPCC가 제시하고 있는 지구온난화지수(Global Warming Potential, GWP)가 활용되고 있다. IPCC는 GWP를 "잘 혼합된 온실가스의 복사 특성에 기초하여, 현재 대기에 잘 혼합된 온실가스 단위 질량의 복사강제력을 일정 기간에 대해 적분하여 이산화탄소의 복사강제력과 비교한 지수"(기상청, 2008, 92쪽)로 정의하고 있다. 즉 대기 중에 배출된 특정한 온실가스(예를 들어 메탄)의 단위 질량이 가지고 있는 지구온난화를 야기할 수 있는 능력(복사강제력)을 그 온실가스가 정해진 기간 동안 대기 중에서 분해되지 않고 생존하여 지속적으로 발휘할 것인지를 계산한 값을 이산화탄소의 값으로 나눈 것이 GWP이다.◆ 이와 같은 GWP의 정의(와 각주의 계산식)에서 명확히 드러나듯이 이 지수는 시간 차원을 포함하고 있는데, 값을 계산을 위해서는 임의 시간 지평을 선택해야 한다. IPCC는 1990년도의 첫 번째 보고서에서 GWP를 계산하기 위해서 20년, 100년, 500년의 시간 지평을 선택하였지만, 이것은 대단히 임의적인 것이었다. IPCC는 이와 관련하여 "이 세 가지 다른 시간 지평은 토론을 위해서 제시된 것일 뿐이며, 어떤 중요성을 가지는 것으로 여겨져서는 안 된다"고 밝히고 있었다 (IPCC, 1990, p. 59).

◆　　　 이런 정의에서 보듯이 GWP는 개념 정의상 온실가스의 생존기간의 문제를 직접적으로 다루고 있다. 이를 수식으로 표현하면 아래와 같다. 여기서 a_i는 온실가스 i 의 농도가 1단위 증가했을 경우에 증가하는 순간 복사강제력이며, c_i는 온실가스 i가 배출된 이후 t시간에서 유지되는 농도이다. 또한 n은 계산을 수행되는 동안의 연수이다(Shackley, S. and B. Wynne, 1997, p. 91).

$$GWP_i = \frac{\int_0^n a_i c_i(t)\,dt}{\int_0^n a_{co_2} c_{co_2}(t)\,dt}$$

다양한 온실가스의 GWP

온실가스	측정된 생존기간(년)	GWP			A/B
		계산되는 시간 지평(년)			
		20(A)	100	500(B)	
이산화탄소	·	1	1	1	1
메탄(간접 효과 포함)	10	63	21	9	7.0
아산화질소	150	270	290	190	1.4
CFC-11	60	4500	3500	1500	3.0
CFC-12	130	7100	7300	4500	1.6
HCFC-22	15	4100	1500	510	8.0

〔출처: IPCC(1990, p. 60)의 표 2. 8을 수정〕

그러나 어떤 시간 지평을 선택할 것인가 하는 점은 과학적으로나 정치적으로 대단히 중요한 의미를 가진다. 왜냐하면 온실가스는 각기 다른 생존기간을 가지고 있기 때문에, GWP 계산을 위해서 선택한 시간 지평이 길면 생존기간이 짧지만 복사강제력이 큰 온실가스의 값은 상대적으로 작아진다. 반면에 시간 지평이 짧으면 생존기간이 긴 온실가스의 GWP값은 상대적으로 커진다(Shackley, S. and B. Wynne, 1997, p. 91). 예를 들어서, 생존기간이 15년인 과불화탄소 (HFCs)는 시간 지평을 20년으로 했을 경우 GWP의 값은 4,100이지만, 500년으로 했을 경우 510으로 거의 1/8로 작아진다. 반면에 생존기간이 150년인 아산화질소(N_2O)는 20년의 시간 지평에서 270인 반면, 500년의 경우 190의 값으로 크게 줄어들지 않는다. 또한 계산되는 시간 지평이 짧을수록, 기준 기체가 되는 이산화탄소와 비교했을 때 다른 온실가스 전체의 GWP는 높아진다. 이것은 화석연료를 많이 사용하여 이산화탄소를 많이 배출하는 선진국과 농업 생산이 많아서 메탄의 배출량이 큰 개발도상국과 저개발국 사이에서 벌어졌던, "사치를 위한 배출" 대 "생존을 위한 배출"이라는 논쟁(박희제, 2008: 203~209쪽; 한재각, 2010)에 직접적인 함의를 가지는 것이기도 하다. 즉 GWP 계산을 위한 시간 지평을 어떻게 선택할 것인가에 따라서, 어떤 나라가 지구온난화의 책임이 더 큰가가 결정되기 때문이다. 이는 단순히 과학적인 논쟁이 아니고 정치적, 경제적인 논쟁인 것이다.

교토의정서에 도입된 유연성 체계와 GWP

GWP는 정책을 위한 과학적 도구로서 정확하고 명백하며 기술적(technical)으로 견고할 것이라는 일반적인 인식과 다르게, 자세히 살펴보면 대단히 모호한 것이었다. 그럼에도 GWP는 비용효율적인 정책 수단을 선택하거나(도구적 이용), 정책결정자들에게 다양한 온실가스를 이산화탄소와 비슷한 것으로 인식하게 만들거나(상징적 이용), 비용이 많이 들고 복잡한 컴퓨터 모델링을 할 수 있는 과학적 역량을 갖추지 못한 국가들의 정책결정자들도 손쉽게 국제적인 논의에 참여할 수 있게 해주었다(상호작용적 이용). 오히려 일부 학자들은 GWP가 가진 모호성이야말로 이 개념이 과학적, 정책적으로 폭넓게 사용할 수 있게 된 이유였다고 평가하고 있다(Shackley, S. and B. Wynne, 1997). 그리고 아마도 GWP의 효용성이 가장 주목받은 활용 사례는 교토의정서에서 도입된 이른바 '유연성 체계(flexibility mechanism)', 즉 감축한 온실가스에 가격을 매겨 거래할 수 있게 함으로써 비용효과적인 감축을 이루겠다는 '탄소거래' 제도가 될 것이다.

부속서I에 속한 선진국들은 CDM을 이용하여 개발도상국에서 온실가스를 감축할 수 있는 사업에 투자함하고 여기에서 얻어진 배출권으로 자국에서 사용한다. 그런데 중국의 낡은 공장시설을 개선하여 HFC-23 배출을 줄일 수 있는 사업에 투자한 후, 거기서 얻어진 배출권을 이용하여 이산화탄소가 배출되는 유럽의 석탄 발전소를 운영한다고 생각해보자. 중국의 공장에서 줄일 HFC-23 배출량을 어떻게 유럽 발전소의 이산화탄소 배출 허용량으로 환산할 수 있을까? 배출권 거래가 가능하기 위해서는 이 문제의 해결이 선행되어야 한다. 그 해법이 GWP이고, 교토의정서에서 각 온실가스의 GWP를 특정한 이유도 여기에 있는 것이다. 또한 미국이 유럽과 일본의 반대에도 불구하고 수소불화탄소, 과불화탄소, 6불화황을 온실가스로 포함시키도록 관철시킨 것은, 이 온실가스를 줄일 수 있는 기술적 능력이 있다는 자신감뿐만 아니라 GWP를 통해서 그 감축량 만큼 이산화탄소 배출량으로 환산이 가능하도록 한 제도적 기반도 같이 만들어낼 수 있는 자신감이 있었기 때문이다.

그러나 GWP의 모호성과 불확실성으로 인해서, 그 위에서 구축된 탄소거래 시장의 작동은 불안정성이 드러나곤 한다. 앞의 예로 되돌아가보자. 중국 공장에서 감축된 HFC-23은 교토의정서 체제 내에서 11,700의 GWP 값을 가진다. 즉 중국에서의 HFC-23의 감축량은 유럽에서 11,700배의 이산화탄소 배출량으로 환산된다. 그러나 1990년도 IPCC 보고서는 HFC-23의 GWP를 값을 제공하지 않았으며, 1995년도 보고서에서 11,700의 GWP값을 제시했다. 그러나 2007년의 4차 보고서에서는 IPCC는 HFC-23의 GWP의 값을 14,800으로 제시했으며, 그 오차값은 ±5,000이었다. 만약에 배출권 거래 시장이 HFC-23에 대한 GWP값의 급변과 엄청난 오차값에 반응한다면 큰 혼란이 야기될 것이다. 게다가 11,700의 GWP값에 기반을 둔 현행 HFC-23 제거사업의 시장 규모가 35억 달러라는 점을 감안하면 더욱 놀랄 일이다. 그러나 다행스럽게도(?) 현재의 배출권 거래 시장은 제3차 당사국회의에서 채택된 IPCC의 1995년도 보고서가 제시하고 있는 (100년의 시간 지평을 적용한) GWP값을 이용하도록 규정되어 있어 배출권 거래 시장의 불안 요소를 어느 정도 통제하고 있다. 그러나 교토의정서 체제가 끝나고 새로운 체제가 출발하면서 이 문제가 시장 불안을 야기하지 않을 것이라고 장담할 수 없다(Mackenize, 2009, pp. 446~447).

흡수원을 둘러싼 불확실성, 그리고 관용적 태도

1992년에 유엔기후변화협약에 흡수원에 대한 정의가 포함되기는 했지만, 교토 의정서를 체결하기 위한 협상이 시작된 이래 흡수원의 문제는 계속 논란과 갈등을 야기한 쟁점이었다. 미국이 교토의정서의 공약을 이행하기 위한 방법으로 흡수원을 인정해야 한다고 주장하고 나서자 EU, G77 그룹, 도서국가연합(AOSIS), 국제 환경 NGO 등이 국제협상의 행위자 대부분이 반대하고 나섰다. 이 문제를 협상하기 위해서, 1997년 교토 당사국회의가 앞두고 11월에 소집된 8차 베를린 위임 작업반(Ad Hoc Group on the Berlin Mandate, AGBM) 회의에서 당사국들에게 흡수원에 대해서 각국의 입장을 제출하도록 결정했다. 이 회의에서부터 흡수원의 의미를 둘러싼 국제적 차원의 정치적 투쟁이 본격적으로 시작되었다. 미국 등은 육상 생태계 안에 대기 중 이산화탄소가 자연적으로 흡수되는 것을 향상시키려는 적극적인 노력은 기후문제에 대

| 불확실한 기후과학 위에 차려진 탄소시장의 정체는? |

응하는 가장 비용효과적인 방법이며, 대규모 배출국이 온실가스 감축을 위해서 선택할 수 있는 유연성 있는 행동의 핵심이라고 주장했다. 그러나 개발도상국들은 불확실성이 높은 '포괄적 접근' 혹은 (배출량에서 흡수량을 제하는) '순환계 시스템'을 주장하기에 앞서 북반구 국가들이 자국의 온실가스 배출을 감축하는 일부터 해야 한다고 비판했다(UNFCCC, 1997; Lövbrand, 2009: 407).

그런데 이와 같은 논쟁과 대립은 흡수원을 둘러싼 여러 과학적 불확실성과 방법론적 문제와 깊숙이 연관되어 있었다. AGBM가 요구한 의견서 항목 중에 하나는 불확실성을 다루는 것이다. 대다수의 국가들이 흡수원의 불확실성이 대단히 높다는 점에 동의했다. 산림 등을 흡수원으로 인정받고자 노력했던 북반구 국가들도 마찬가지였다. 예를 들어서 일본은 "특히, 산림과 농업 토양을 포함하여 토양을 통한 탄소 흡수를 측정하고 평가하는 것은 중대한(significantly) 불확실성이 있다"고 답변했다(UNFCCC, 1997, 14). 또한 호주는 "모든 영역의 온실가스 배출원과 흡수원의 측정에서 불확실성은 내재되어 있고, 산업 영역보다는 생물학적 과정이 포함된 분야에서 더 높게 유지되고 있는 것으로 보인다"고 인정했다(UFCCC, 1997b, 6). 또한 미국도 산림과 기타 토지 이용 분야의 배출 측정의 신뢰성이 낮은 수준이라는 점을 인정했다(UNFCCC, 1997, 56).

문제는 이런 불확실성을 어떻게 다룰 것인가 하는 것에 있었다.

북반구의 선진국은 삼림 분야의 불확실성에 대해서 관용적인 태도를 보인 반면, 마샬제도나 나루(Nauru)와 같은 도서국가들은 이를 강력히 문제삼고 있었다. 우선 북반구 국가들은 화석연료 연소에 의한 이산화탄소 배출과 비교했을 때 삼림 분야의 불확실성이 높기는 하지만, 다른 영역과 온실가스〔예를 들어, 쓰레기 처리장의 메탄(CH_4)이나 농업 분야의 아산화질소(N_2O)〕에서 나타는 불확실성에 견주어 보면 문제를 삼을 정도는 아니라고 주장했다(뉴질랜드, 노르웨이, 미국). 산림의 흡수원 인정에 적극적이었던 노르웨이는 "우리는 감축목표 안에서 수많은 배출원과 흡수원과 관련된 불확실성과 함께 살아야만 한다"며 일종의 숙명론을 펼쳤으며(UNFCCC, 1997, 47), 미국은 "감축목표의 달성에 모든 범주를 포함시키는(즉 신규 및 재조림된 숲도 흡수원으로 인정하다는 것—인용자주) 것이 가져다주는 이익은 현재의 불확실성 수준이 야기할 위험을 능가한다"(UNFCCC, 1997, 54)고 주장했다.

흡수원은 정확히
측정할 수 있는가

앞서 살펴보았듯이, 흡수원과 관련된 불확실성의 핵심적 문제는 과연 산림 분야의 탄소 흡수량을 정확히(혹은 어느 정도 정확히) 측정하고 평가할 수 있느냐는 것이다. 이

| 불확실한 기후과학 위에 차려진 탄소시장의 정체는? |

것이 가능해야만 부속서I 국가가 자국 혹은 비부속서I 국가(CDM 사업으로) 내에서의 신규조림이나 재조림 등의 산림활동을 온실가스 감축 공약의 이행수단으로 인정받는 것이 손쉬워지기 때문이다. 그러나 각국이 보고한 LUCF◆ 분야의 흡수량 수치의 불확실성이 너무 컸다. UNFCCC의 부속기구인 과학기술자문부속기구(SBSTA) 사무국은 2000년 6월 제12차 회의에 부속서I 국가가 보고한 산림 분야의 온실가스 인벤토리의 완결성과 포괄성에 대한 정보를 편집하고 종합하는 보고서를 제출했다. 이 보고서는 1994년 즈음에 이루어진 (유엔 기후변화협약의 규정에 따른) 1차 국가보고와 보고서를 작성할 당시인 2000년에 이용할 수 있는 최신의 국가보고 혹은 온실가스 인벤토리에 포함된, 기준년도인 1990년도의 산림에 따른 온실가스 순 배출량을 계산하여 보여주었다(UNFCCC, 2000, 25-29). 이에 따르면, 모든 국가(호주를 제외)는 첫 번째 국가보고에서 산림으로부터의 순 탄소 흡수를 보고했지만, 2000년에 재계산한 정보에 따르면 일부 국가는 추정된 흡수량이 증가했으며 다른 국가는 감소했다. 그 변화율이 최소 −7퍼센트에서 최대 593퍼센트까지 이르렀다. 영국의 경우 산림 분야가 흡수원에서 배출원으로 바뀌기도 했다(본문 211쪽 표를 참조).

그런데 교토의정서에서 부속서I국가 의무감축의 기준년도로 잡

◆　　　Land Use Change and Forrest(토지이용 변화와 산림)의 약어.

1990년에 LUCF 분야의 순 CO_2 배출량

국가	1차 국가보고* (Gg)	2000년 재계산** (Gg)	변화율 (%)	1990년, 전체 CO_2 배출량*** (Gg)	교토 목표치**** (%)
호주	130,843	69,436	− 47	288,965	108
프랑스	− 32,168	− 59,617	85	366,536	92
일본	− 90,000	− 83,903	− 7	1,173,360	94
뉴질랜드	− 16,716	−20,888	25	25,530	100
러시아	− 587,200	−392,000	− 33	2,388,720	100
스페인	− 418	− 28,970	593	260,654	92
영국	− 1,137	21,412	− 449	584,078	92
미국	− 436,000	− 1,142,200	162	4,957,022	93

양수는 이산화탄소 배출, 음수는 흡수를 의미. * 1차 국가보고에서 제시한 1990년도 LUCF 분야의 순배출량, ** 2차 국가보고 혹은 2000년 이전의 최신 인벤토리에서 계산된 1990년도 LUCF의 순배출량, ** 첫 번째 국가보고의 제시된 데이터, *** 1997년 교토의정서를 통해서 정해진 목표로서, 1990년 배출 대비 %. 〔출처: UNFCCC, 2000, Lövbrand(2009)에서 재인용〕

았던 1990년의 전체 배출량에서 2012년 공약기간까지 전체적으로 평균 −5.2퍼센트의 감축 목표를 설정했다는 점을 상기해보면, 1차 국가보고와 2000년까지 최신의 국가보고(혹은 인벤토리) 사이에서 LUCF의 변화율이 최대 593퍼센트까지 이른다는 것은 심각한 일이라고 할 수 있다. 즉 흡수원인 LUCF의 순배출량의 수치 변화 폭이

| 불확실한 기후과학 위에 차려진 탄소시장의 정체는? |

공약기간의 목표 감축량보다 클 수 있다는 것이다. 국제 환경 NGO
들의 네트워크인 CAN(Climate Action Network)은 이런 문제를 지적
하면서, 일부 국가들이 흡수원의 정의와 회계 방법을 능숙하게 조정
하여 그들의 감축 목표를 낮추고 아무 행동을 하지 않을 수 있었다고
경고하고 있었던 것이다(Lövbrand(2009; 408)에서 재인용). 사무국의 보
고에 따르면 이러한 차이는 회계 방법, 배출 계수, 토지 이용의 정의
그리고 측정에 포함되는 배출원과 흡수원의 수에 따른 것(UNFCC,
2000; 25-26)이라고 평하고 있지만, 일부 학자들은 일견 기술적으로
보이는 이런 문제에 "정치적 엘리트가 전문적 지식을 선택적으로 사
용하여 그들이 미리 정의한 정책 의제를 지원"하는 '전문성의 정치'가
잠복되어 있는 것이라고 지적하고 있다(Lövbrand, 2009; 408).

산림활동을 통한 탄소 저장의 미래 불확실성

살펴본 것처럼 유엔 협상 과정에
서 교토의정서 하에서 산림을 어떻게 정의할 것인가, 산림활동을 통
해서 이루어지는 탄소 흡수량은 정확히 측정할 수 있는 것인지를 둘
러싼 불확실성과 이를 해결하려는 '전문성의 정치'가 이루어졌다.
특정한 이해관계를 위해서 불확실성을 일정한 방향으로 해석하여
통제될 수 있는 것으로 만드는 것이다. 그러나 여기서 전문성의 정

치는 여기서 끝이 아니다. 또 하나의 중대한 불확실성의 문제가 남아 있다. '탄소배출권 조림(A/R CDM)' 사업에 의해서 창출되는 배출권의 '비영속성'의 문제이다(김준순, 2004; 배재수, 2006). 즉 신규조림과 재조림을 통해서 토양과 바이오매스에 흡수된 탄소가 시간의 경과에 따라서 미래에도 계속 그대로 유지될 것인지, 만약 여러 이유로 다시 배출된다면 인정되고 거래된 배출권은 무효가 되는 것은 아닌지에 대한 질문이 제기될 수밖에 없다.

과학자들은 탄소배출권 조림 사업으로 발생한 추가적인 흡수량, 즉 탄소 배출권은 언젠가는 인위적인 벌채 또는 자연지해 및 생물학적 죽음으로 인해 영속적으로 유지될 수 없다는 점을 인정한다(배재수, 2006, 66). 이것은 에너지, 수송 등과 같은 CDM 사업으로 발생한 추가적인 온실가스 감축이 영속적인 효과를 갖는 것과 구분된다. 이러한 CDM 사업을 통해서 만들어진 배출권은 영구 배출권(permanent credit)라고 명명하여 따로 구분하고 있지만, 탄소배출권 조림 사업의 경우 비영속성을 고려할 경우에 배출권을 어떻게 해야 할 것인지는 당사국 사이에 의견이 엇갈렸다. EU, 대다수 개도국를 대표하는 G77 그룹은 산불 등으로 인한 산림의 온실가스 흡수원 기능이 상실될 가능성을 예로 들면서 일정기간만 흡수효과를 인정하자는 반면, 캐나다를 비롯하여 대표적인 해외조림 투자국인 일본과 투자 유치를 기대하는 일부 중남미 국가들은 보험가입이라는 보조적 수단을 동원하여 지속적인 온실가스 흡수효과를 인정하자고 대립했다(김준순, 2004, 62~63쪽). 이런 대립은 이탈리아 밀라노에서 개최된 제9차 당사국회의에서 제정된 탄소배출권 조림 사업 규정(A/R CDM M&P)을 통해서 두 종류의 '실효(失效) 배출권(expiring credit)' 개념을 도입하면서 타협을 이루었다. 즉 탄소배출권 조림 사업을 통한 배출권은 일정 기간 이후에 권리가 없어지고, 이를 영구적인 다른 배출권으로 대체해야 한다. 이런 점에서 엄격히 제한된 것으로 보이지만, 그 실효시기를 공약기간(5년)으로 할지, 아니면 사업기간(20년 혹은 30년)으로 할 것인지를 선택할 수 있도록 함으로써 불확실성을 또 만들어냈다(배재수, 2006).

한편 비영속성의 원인을 산불이나 벌목과 같은 특정 사건으로만 국한하지 않고, 기후변화에 의한 육상 생태계의 영향의 차원에서도 보다 근본적으로 살펴볼 필요가 있다. 과학자들은 1850년에서 1998년까지 인위적인 토지 이용 변화를 통해서 지구적으로 배출된 탄소의 양(136 ± 55 GtC)은 같은 시기에 화석연료 연소와 시멘트 생산을 통해서 배출된 탄소의 거의 절반에 달한다고 추산하고 있는데, 과거의 토지 이용을 회복한다면 그에 해당하는 양만큼 탄소를 다시 흡수할 수 있어서 기후변화를 완화시키는 데 기여할 수 있다고 생각한다. 그러나 이러한 예측은 과거의 역사적 경험에 기반을 둔 것으로, 이미 진행되고 있는 인위적인 기후변화와 생태계 사이의 피드백을 고려하면 미래에도 산림이 동일한 수준으로 탄소를 흡수·저장하고 있을 것인지는 확신할 수 없는 상황이다. 예컨대 인위적 기후변화의 영향으로 높은 온도와 대기 중 CO_2 농도 증가는 온대 지역과 극지방의 식물 성장 기간을 증가시켜 탄소 저장을 증가시키겠지만, 토양 호흡의 증가 물부족 스트레스는 탄소 흡수가 제약받을 것으로 전망되고 있다. 이에 따라서 육상 생태계에 의한 탄소 흡수원의 미래에 대해서 연구한 한 학자는 "이런 시나리오를 둘러싼 불확실성을 인정하는 것이 중요하겠지만, 육상 탄소 저장소의 기후 민감도는 국제적인 기후 레짐을 위한 장기적 완화 수단으로서의 산림 활동에 중대한 도전을 야기하고 있다"고 지적하고 있다(Lövbrand, 2004: 456).

앞서 살펴본 것처럼, 온실가스 배출권을 창출하여 탄소시장을 만들기 위해서 다양한 종류의 온실가스를 비교하고 거래 가능한 것으로 만들어야 한다. 이것을 가능하게 해준 것이 지구온난화지수(GWP)라는 개념인데, 이것은 과학적 개념이기도 하지만 정책적 개념, 나아가 시장적 도구가 되었다. 그러나 각 온실가스의 GWP를 결정하는 것은 여러 불확실성에 직면하게 되는데, 그 온실가스의 특성에 대한 데이터가 부족한 이유도 있었지만 각 온실가스를 비교하기 위해서 임의적으로 선택할 수밖에 없는 기준 연수의 문제도 있었다. 온실가스에 대한 과학적 이해의 불활실성이나 이를 측정하는 방법 및 데이터 부족에 따른 불확실성 이외에, 정치경제적 이해관계를 반영하고 있는 불확정성도 중요하다. 이런 불확실성은 IPCC라는 '국제적 경계 조직' 혹은 '국제적 지식 조직'(Fogel, 2004)을 통해서 관리되고 교토의정서를 통해서 (일시적으로) 안정화되어 있다. 그런 후에야 각각의 온실가스 감축 사업을 통해서 만들어진 배출권이 거래 가능한 것이 되었고, 탄소시장이 창출될 수 있게 되었다.

또한 유엔기후변화협약과 교토의정서(그리고 논의 중인 포스트 교토 체제)에서 가장 논쟁적인 쟁점이 되었던 토지이용과 산림(LUCF) 관련 활동을 감축목표 공약 달성을 위한 흡수원으로 인정할 것인가 하는 쟁점도 수많은 과학적 불확실성이 내재된 것이었다. 무엇이 산림인지, 흡수원이 인정될 수 있는 것은 무엇인지, 산림에 축적된 탄소의 비영속성은 어떻게 처리해야 하는 것인지, 모두 만만치 않는 문제들이었다. 이러한 문제들은 기술적, 방법론적 불확실성이라기보다는, 정책 행동에 흡수원을 포함시킴으로써 발생하는 인식적 불확실성에 영역에 속하는 것이라고 할 수 있다. 그러나 이런 불확실성도 IPCC 등과 같은 기구에 의해서 과학적으로 관리되고 UNFCC의 결의문을 채택하면서 제도적으로 안정된 후에야, CDM 사업의 일환으로 LUCF 활동을 통한 배출권 창출이 가능해졌고 거래될 수 있었다. 그러나 불확실성을 관리하기 위한 이런 노력은 또 다른 불확실성, 즉 윈(Wynne, 1992)이 지적한 '무지'를 체계적으로 생산하는 것일 수도 있다.

　이와 같은 과학적 불확실성의 관리와 안정화가 지속적으로 유지
될 수 있을지, 또 그에 따라서 탄소시장의 형성과 유지에 어떤 영향
이 나타나게 될지에 대한 질문은 이 글에서는 개방되어 있다. 그러
나 여기서 검토한 것처럼, 탄소시장의 창출과 유지가 기후과학 그리
고 그것을 대표하는 기구(예를 들어서 IPCC)가 직면한 불확실성의 관
리와 안정화와 긴밀히 연계되어 있다면, 이에 대해 보다 비판적으로
이해할 필요가 있다. 기후변화를 대응하기 위한 수단으로 전 세계적
으로 유행처럼 번지고 있는 탄소시장의 형성과 유지의 실패는 어떤
식으로든 지구적 경제 그리고 기후변화 완화 수단에 대한 큰 타격이
될 수 있기 때문이다.

이 글은 에너지기후정책연구소 1주년 기념 심포지엄에서 발표한 글, "불확실한 과학으로 만들
어진 탄소시장"을 수정·보완한 것이다.

참고
문헌

김명진: 인간이 만들어낸 파멸의 날?

- 「괴물 바이러스 초비상… 악용 시 '전 세계 재앙'」, MBC 뉴스데스크 2011년 12월 27일. (http://imnews.imbc.com/replay/2011/nwdesk/article/2992106_13062.html)
- 마이크 데이비스, 정병선 옮김, 『조류독감』, 돌베개, 2008.
- 오철우, 「미 'AI 변형 바이러스 논문' 검열 논란에… 국내 연구자들 "정부 주도 검열은 안 돼"」, 《한겨레》 2012년 1월 18일자.
- "An Engineered Doomsday," *New York Times*, 7 January 2012.
- Grady, Denise, "Despite Safety Worries, Work on Deadly Flu to Be Released," *New York Times*, 18 February 2012.
- http://www.nature.com/news/specials/mutantflu/
- http://www.sciencemag.org/site/special/h5n1/

김병윤: 화학물질의 유해성 여부를 판단하기 위해서는 어떻게 해야 할까?

- 박덕영, 「EC Beef-Hormone 사건의 주요내용과 재조명」, 『국제경제법연구』 6, 1~28, 2008.
- 이윤정, 「WTO SPS 협정과 과학주의: 그 한계와 문제점들」, 『국제법학회논총』 54(3), 273~301쪽, 2009.
- Infante, P. F., R. A. Rinsky, J. K. Wagoner, and R. J. Young, "Leukemia in benzene workers," *The Lancet* Vol. II. pp. 76~78, 1977a.
- Infante, P. F., R. A. Rinsky, J. K. Wagoner, and R. J. Young, "Benzene and Leukemia", *The Lancet* Vol. II. pp. 867~868, 1977b.
- Infante, Peter F., "Benzene: an historical perspective on the American and European occupational setting", *Late Lessons from Early Warnings: the Precautionary*

Principle 1896~2000 edited by Poul Harremoës et. al., Copenhagen, Denmark: European Environment Agency, 2001.

· Jasanoff, Sheila., 《Bridging the Two Cultures of Risk Analysis.》 *Risk Analysis* 13(2): 123~129, 1993.

· Brown, Michael S., "Setting Occupational Health Standards: The Vinyl Chloride Case," *Controversy: Politics of Technical Decision*, 3rd ed. edited by Dorothy Nelkin, Newbury Park, CA: Sage, 1992.

· National Research Council, *Risk Assessment in the Federal Government: Managing the Process*. Washington, DC: The National Academies Press), 1983.

· National Research Council, *Science and Judgment in Risk Assessment*, Washington, DC: The National Academies Press, 1994.

박진희: 스리마일, 체르노빌 그리고 후쿠시마

· 신재생에너지학회/녹색에너지전략연구소, 「2013 재생에너지 현황 보고서-REN21」, 2013.

· 이창훈, 「화석연료 대체에너지원의 환경·경제성 평가 I-원자력을 중심으로」, 2013.

· 허가형, 「원자력 발전 비용의 쟁점과 과제」, 국회예산정책처, 2014.

· Mycle Schneider et al., World Nuclear Industry Status Report 2013.

· The National Diet of Japan, The official report of the Fukushima Nuclear Accident Independent Investigation Commission. Executive summary, 2012.

이영희: 핵폐기물 관리의 문제를 어떻게 해결할 수 있을까?

· 이필렬, 『에너지 대안을 찾아서』, 창작과비평사, 1999.

· 이영희, 『과학기술과 민주주의』, 문학과지성사, 2011.

· 이영희, "전문성의 정치와 사회운동: 의미와 유형." 《경제와 사회》 제93호,

2012.

· 장정욱, "핵연료 재처리 안전성도 경제성도 없다." 《프레시안》 2010년 11월 24일자.

· Sundqvist, G. *The Bedrock of Opinion: Science, Technology and Society in the Siting of High-Level Nuclear Waste*. Dordrecht: Kluwer Academic Publishers, 2002.

한재각: 불확실한 기후과학 위에 차려진 탄소시장의 정체는?

· 김준순, "기후변화협약에 따른 국내 임업의 대응방안", 《산림경제연구》 제12권 2호, 58~67 쪽, 2004.

· 박희제, "기후변화 논쟁을 통해 본 환경과학의 역할과 성격", 《환경사회학연구 ECO》, 제12권 1호, 183~216쪽, 2008.

· 배재수, "교토의정서 제1차 공약기간의 신규조림/재조림 CDM 사업의 이해", 《산림경제연구》 제14권 1호, 59~76쪽, 2006.

· 한재각, "탄소는 비난받아야 하는가: 기후부정의의 과학적 기초", 전국 사회학 대학원생 학술대회 발표문(2010. 8. 27~28, 연세대학교), 2010.

· Wynne, Brian, "Uncertainty and environmental learning: Reconceiving science and policy in the preventive paradigm", *Global Environmental Change*, pp. 111~127, 1992.

· Mackenzie, Donald, "Making things the same: Gases, emission rights and politics of carbon markets", *Accounting, Organization and Society* Vol. 34, pp. 440~455, 2009.

· Fogel, Cathleenl, "Biotic Carbon Sequestration and the Kyoto Protocol: The Construction of Global Knowledge by the Intergovernmental Panel on Climate Change", *International Environmental Agreements* Vol. 5, pp. 191~210, 2005.

· IPCC, *Climate Change: The IPCC Scientific Assessment*, Cambridge University Press, 1990.

· IPCC, Revised 1996 IPCC Guidelines for National Greenhouse Gas Inventories: Reporting Instructions(Volume 1), 1996.

· Lövbrand, Eva, 《Bridging Political Expectations and Scientific Limitations in Climate Risk Management: on the Uncertain Effects of International Carbon Sink Policies》, *Climate Change* Vol. 67, pp. 449~460, 2004.

· Lövbrand, Eva, 《Revisiting the politics of expertise in light of the Koyto negotiations on land use change and forestry》, *Forest Policy and Economics* Vol. 11. pp. 404~412, 2009.

· Shackley, S. and B. Wynne, "Global Warming Potentials: ambiguity or precision as an aid to policy?", *Climate Research* Vol. 8, pp. 89~106, 1997.

· Smith, K. R. and D. R. Ahuja, "Toward a Greenhouse Equivalence Index: The Total Exposure Analogy", *Climate Change* Vol. 17, pp. 1~7, 1990.

· Stewart, R. B. and J. B. Wiener, "The Comprehensive Approach to Global Climate Policy: Issues of Design and Practicality", *Arizona Journal of International and Comparative Law* Vol. 9, No. 1, pp. 83~113, 1992.

· Lashof, D. A. and D. R. Ahuja, "Relative contributions of greenhouse gas emissions to global warming", *Nature* Vol. 344, pp. 529~131, 1990.

· Smith, K. R., "Allocating Responsibility for Global Warming: The Natural Debt Index", *AMBIO* Vol. 20, No. 2, APR. 1991.

· UNFCCC, "Respose from parties on lssue related to sinks", 18 November 1997, FCCC/AGBM/1997/MISC.4

· UNFCCC, "Respose from parties on lssue related to sinks", 27 November 1997, FCCC/AGBM/1997/MISC.4/Add.2

· UNFCCC, "Respose from parties on lssue related to sinks", 24 November 1997, FCCC/AGBM/1997/MISC.4/Add.1

· UNFCCC, "Methodological Issues: Land-Use, Land-Use Change and Forestry", 8 May 2000, FCCC/SBSTA/2000/3

· WRI, *World Resources 1990-91*, Oxford University Press, 1990.

불확실한 시대의 과학 읽기

1판 1쇄 펴냄 2017년 2월 17일
1판 4쇄 펴냄 2018년 7월 30일

지은이 김동광 외

주간 김현숙 | **편집** 변효현, 김주희
디자인 이현정, 전미혜
영업 백국현, 정강석 | **관리** 김옥연

펴낸곳 궁리출판 | **펴낸이** 이갑수

등록 1999년 3월 29일 제300-2004-162호
주소 10881 경기도 파주시 회동길 325-12
전화 031-955-9818 | 팩스 031-955-9848
홈페이지 www.kungree.com
전자우편 kungree@kungree.com
페이스북 /kungreepress | **트위터** @kungreepress

ISBN 978-89-5820-436-7   03400

값 15,000원